鲁班工坊物联网应用技术专业职业教育国际化系列教材

物联网操作系统技术与应用

主 编 张亚军 赵家华

电子工业出版社
Publishing House of Electronics Industry
北京·BEIJING

内 容 简 介

本书主要介绍华为物联网操作系统 LiteOS 内核相关知识。全书共 11 章，包括物联网操作系统概述、移植 LiteOS 到 STM32、任务管理、消息队列、信号量、互斥锁、事件、时间管理、中断管理、内存管理、LiteOS 实战——人体感应场景，深入讲解了 LiteOS 内核资源、运行机制及应用场景。本书设计了大量操作任务，读者可通过实践操作，在调试验证中巩固所学的理论知识。

本书可作为高校物联网、嵌入式等相关专业的教材，适合高职或应用型本科学生学习，还适合物联网技术支持人员、物联网开发人员及广大嵌入式技术爱好者自学使用。

未经许可，不得以任何方式复制或抄袭本书之部分或全部内容。
版权所有，侵权必究。

图书在版编目（CIP）数据

物联网操作系统技术与应用 / 张亚军，赵家华主编. —北京：电子工业出版社，2022.4
ISBN 978-7-121-43108-1

Ⅰ. ①物… Ⅱ. ①张… ②赵… Ⅲ. ①物联网－操作系统－职业教育－教材 Ⅳ. ①TP18②TP316

中国版本图书馆 CIP 数据核字（2022）第 042463 号

责任编辑：张　凌　　　　　　特约编辑：田学清
印　　刷：涿州市般润文化传播有限公司
装　　订：涿州市般润文化传播有限公司
出版发行：电子工业出版社
　　　　　北京市海淀区万寿路 173 信箱　　　邮编：100036
开　　本：787×1 092　　1/16　　印张：13.75　　字数：326 千字
版　　次：2022 年 4 月第 1 版
印　　次：2025 年 9 月第 4 次印刷
定　　价：45.00 元

凡所购买电子工业出版社图书有缺损问题，请向购买书店调换。若书店售缺，请与本社发行部联系，联系及邮购电话：(010) 88254888，88258888。
质量投诉请发邮件至 zlts@phei.com.cn，盗版侵权举报请发邮件至 dbqq@phei.com.cn。
本书咨询联系方式：(010) 88254583，zling@phei.com.cn。

前言 PREFACE

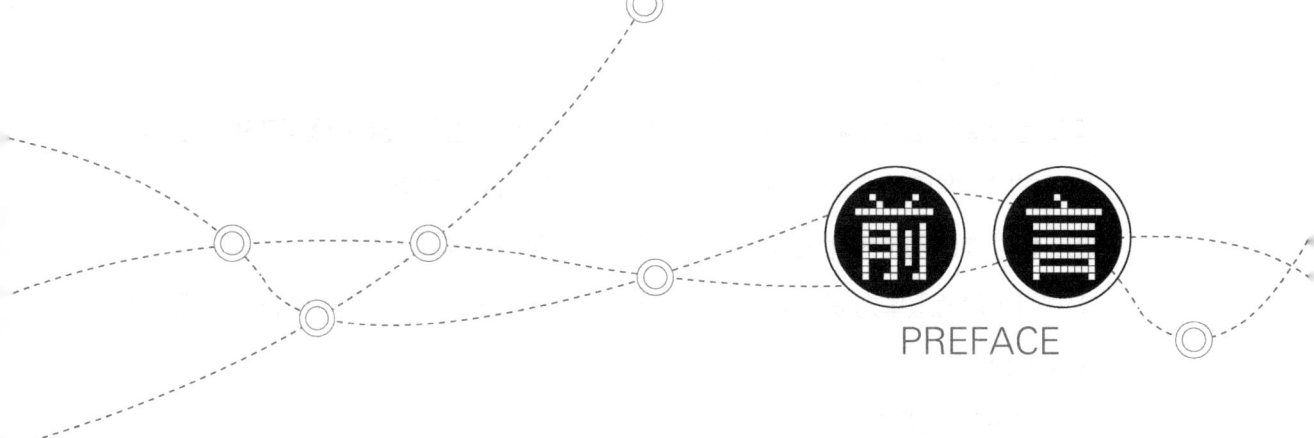

近年来，物联网技术迅猛发展，嵌入式设备的联网已是大势所趋。终端联网使软件复杂度增加，传统 RTOS 内核越来越难满足物联网的发展需求，在这种情况下，物联网操作系统应运而生。

物联网操作系统是新一代信息技术的重要组成部分。"物联网操作系统"课程已成为高校物联网专业的必修课程之一。Huawei LiteOS 是华为面向物联网领域开发的基于实时内核的轻量级物联网操作系统。本书重点讲解 LiteOS 的移植与内核资源的概念、运行机制及应用。

1. 本书的主要特点

（1）立体化活页式教材

本书在理论知识和操作任务的呈现方式上，结合数字化特色资源设计，通过二维码形式，链接到课件、操作代码的下载、微课视频、在线开放课程等，是立体化新型活页式教材。

（2）按认知规律和学习过程组织内容

本书的内容安排符合认知规律，从 LiteOS 的移植、任务的创建和管理、内核各个模块的应用，到最后能够实现一个综合的项目，内容循序渐进。

（3）理论知识与实践操作紧密结合

本书以理论和实践相结合的方式编排内容，每个知识点都配备一个任务，边讲边练，用理论知识来解决实际任务，同时通过做任务促进理论知识的理解和掌握。

（4）南非鲁班工坊项目的建设成果

本书是天津职业大学物联网应用技术专业与南非德班理工大学共建南非鲁班工坊项目的建设成果，得到浙江华为通信技术有限公司工程师的大力支持。

（5）华为物联网工程师 HCIA-IoT、HCIP-IoT 证书的学习资料

本书可作为考取华为物联网工程师 HCIA-IoT、HCIP-IoT 证书中物联网操作系统部分的学习资料。

2. 本书的学习方式

读者在学习的时候可以先做操作任务，看到运行效果后，去思考为什么会出现这样的结果，然后阅读程序中的代码，带着问题再去学习理论知识，边学边调试代码，不断试错，这是加深理解和记忆的最好方法。

3. 本书的主要参考资料

（1）LiteOS 官方源代码。

（2）《Huawei LiteOS 开发指南》。

（3）《LiteOS 内核函数解析-RTOS 内核原理》。

（4）《Huawei LiteOS Kernel API 参考》。

（5）《物联网操作系统 LiteOS 开发实战指南》。

4. 本书的配套硬件

本书的配套硬件使用华为 NB-IoT 全栈实验实训箱，该实训箱的主控板采用 STM32 开发板，MCU 型号为 STM32L431VCT6。

由于编者时间、精力、水平有限，本书难免有不妥之处，希望读者能够批评指正。

编　者

本书配套数字化资源

目录
CONTENTS

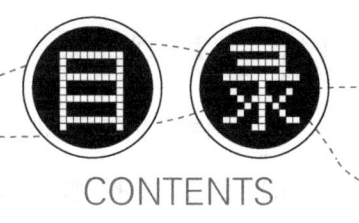

第 1 章 物联网操作系统概述 1

    1.1 物联网操作系统发展史 1

    1.2 物联网实时操作系统的概念 2

    1.3 典型的物联网开源操作系统 3

    1.4 Huawei LiteOS 介绍 4

第 2 章 移植 LiteOS 到 STM32 6

    2.1 IDE 概述 6

    任务 2-1 IDE 安装及配置 8

    2.2 STM32 开发板简介 18

    任务 2-2 生成 STM32 的裸机工程模板 19

    2.3 LiteOS 源码文件夹内容介绍 24

    任务 2-3 LiteOS 的移植 26

第 3 章 任务管理 38

    3.1 任务管理的基本概念 38

    3.2 任务管理的常用函数 42

    任务 3-1 创建单任务 44

任务 3-2　创建多任务 49

任务 3-3　多任务管理 53

第 4 章　消息队列 58

4.1　消息队列的基本概念 58

4.2　消息队列控制块 59

4.3　消息队列的运行机制 60

4.4　消息队列的常用函数 61

任务 4-1　消息队列使用（不带复制读/写方式） 65

任务 4-2　消息队列使用（带复制读/写方式） 72

第 5 章　信号量 79

5.1　信号量的基本概念 79

5.2　信号量控制块 80

5.3　信号量的运行机制 81

5.4　信号量的常用函数 83

任务 5-1　二值信号量同步 85

任务 5-2　计数信号量模拟停车场停车取车 91

第 6 章　互斥锁 97

6.1　互斥锁的基本概念 97

6.2　互斥锁的优先级继承机制 98

6.3　互斥锁控制块 99

6.4　互斥锁的常用函数 100

任务 6-1　信号量模拟优先级翻转 103

任务 6-2　测试互斥锁优先级继承机制 110

第 7 章　事件 117

7.1　事件的基本概念 117

7.2 事件控制块 118

7.3 事件的运行机制 118

7.4 事件的常用函数 119

任务　发送和接收事件 122

第 8 章　时间管理 128

8.1 系统时钟 128

任务 8-1　时间转换、统计和延迟 130

8.2 软件定时器 135

任务 8-2　软件定时器使用 141

第 9 章　中断管理 146

9.1 中断介绍 146

9.2 中断的运行机制 148

9.3 接管中断方式 149

任务 9-1　接管中断的使用 150

9.4 非接管中断方式 156

任务 9-2　非接管中断的使用 157

第 10 章　内存管理 163

10.1 内存管理的基本概念 163

10.2 内存管理的运行机制 164

10.3 静态内存的使用 165

任务 10-1　静态内存管理 168

10.4 动态内存的使用 174

任务 10-2　动态内存管理 177

第 11 章　LiteOS 实战——人体感应场景 183

11.1 人体感应场景实验介绍 183

11.2 人体感应场景系统硬件组成 184

11.3 原理图解析 184

11.4 系统数据流转关系 185

11.5 系统实现步骤 186

附录 A 常见错误码说明 203

第 1 章 物联网操作系统概述

物联网操作系统是物联网（Internet of Things，IoT）技术的重要组成部分。目前，知名的物联网操作系统有华为的 Huawei LiteOS、谷歌的 Android Things、亚马逊的 AWS IoT、微软的 Windows 10 IoT 等，本书以 Huawei LiteOS 为例，学习物联网操作系统的技术及应用。

> **学习目标**
> - 了解物联网操作系统产生的背景；
> - 了解一些典型的物联网开源操作系统；
> - 能够分析物联网操作系统属于实时操作系统；
> - 能够简单介绍华为物联网操作系统 Huawei LiteOS。

1.1 物联网操作系统发展史

物联网操作系统产生的背景：首先互联网为物联网系统搭建了无处不在的互联管道，云计算和大数据的发展为物联网数据处理和分析提供了技术支撑。在嵌入式设备端，32 位 MCU（微控制器）技术已经成熟，价格与 8 位/16 位 MCU 接近，其不仅在网关设备上使用，也在传感和执行单元上使用。在 MCU 市场中，ARM Cortex-M 系列的 MCU 占最主要的份额。ARM 完善的生态环境大大帮助了物联网操作系统在内的嵌入式软件的发展。

2010 年，欧洲诞生了 RIOT（一个开源的物联网操作系统），它不仅可以运行在小型

MCU上，也支持MPU。2014年2月，在德国纽伦堡的嵌入式世界大会上，风河公司发布了基于VxWorks 7的物联网操作系统。

1.2 物联网实时操作系统的概念

1.2.1 实时操作系统简介

RTOS（Real-Time Operating System，实时操作系统）是管理系统硬件和软件资源的系统软件，以方便开发者使用，操作系统管理的资源包括处理器、存储器、外设，甚至包括文件系统等。

实时操作系统最大的特色就是"实时性"。也就是说，如果有任务需要执行，实时操作系统会立即（在较短时间内）执行该任务，保证任务在指定时间内完成。

物联网操作系统属于实时操作系统。

实时操作系统根据任务执行的实时性，分为"硬实时"操作系统和"软实时"操作系统，"硬实时"操作系统比"软实时"操作系统响应更快、实时性更高，"硬实时"操作系统大多应用于工业领域。

"硬实时"操作系统必须使任务在确定的时间内完成。

"软实时"操作系统按照任务的优先级，尽可能让绝大多数任务在确定的时间内完成。

1.2.2 为何使用实时操作系统

传统的单片机开发和部分物联网硬件开发直接裸跑代码，主要采用下面两种编程模式。

轮询模式：main函数死循环，不断地查询状态位（如寄存器），如果满足条件，就去执行相应的函数，完成后继续执行main函数剩下的逻辑。

中断模式：main函数作为主任务死循环，外部信号触发中断，打断主任务，去处理中断任务，中断处理完自动回到主任务。

随着物联网和人工智能技术快速发展，人们对身边各种设备的要求也越来越高。家里的台灯不仅能够远程开关，还能够通过感知周围环境和记录用户使用习惯自动进行调节；为了随时掌握身体健康状况，各种可穿戴智能手环推陈出新，能够定位、测步、记录心跳等。程序的复杂性也在呈指数级暴增。嵌入式实时操作系统就好比"大厦"的地基，只有构筑在坚固可靠的基石上，物联网产品才能应对各种考验。

在8位或16位嵌入式系统应用中，由于CPU能力有限，往往采用单片机开发模式。但是，当嵌入式系统比较复杂、采用32位CPU时，单线程的编程方式不仅代码逻辑复杂、容易出错，也很难发挥出32位CPU的处理能力。而引入实时操作系统后，最主要的变化就在于"多线程",可让多任务并行,充分发挥系统资源的能力。

使用实时操作系统带来的好处如下。

- 降低开发难度。直接使用系统 API,即可完成系统资源的申请、多任务的配合(基于优先级的实时抢占调度,同优先级的时间片调度),以及任务间的通信(如锁、事件等机制)。
- 增加代码的可读性,易于维护和管理。
- 提升可移植性,对接不同芯片的工作由操作系统完成,应用开发者只需要关注 OS 层接口。

1.3 典型的物联网开源操作系统

物联网操作系统是在互联网基础上的延伸和扩展,其用户端延伸和扩展到了任何物品与物品之间可进行信息交换和通信。

目前,开源操作系统在物联网中的应用已经十分广泛,下面列举一些典型的物联网开源操作系统。

1. Andorid Things

Andorid Things 是谷歌推出的物联网操作系统,是"Brillo"操作系统的更新版本。它使用 Weave 通信协议,实现设备与云端相连,并且与谷歌助手等服务交互。

2. Contiki

Contiki 于 2003 年开发,是一款开源的、容易移植的多任务操作系统,适用于内存受限的网络任务。该系统支持 TCP/IP 协议,以及低功耗网络标准 6lowpan、RPL、CoAP。

3. FreeRTOS

FreeRTOS 是完全开源的操作系统,具有源码公开、可移植、可裁剪、调度策略灵活的特点。

4. Raspbian

Raspbian 是一款基于 Debian 为树莓派硬件设计的操作系统。该操作系统包括一系列的基础程序和工具,保证树莓派硬件的运行。

5. Tizen

Tizen 是 Linux 基金会和 LiMo 基金会联合英特尔和三星电子共同开发的开源操作系统。它可以满足物联网设备生态系统的需求,应用于手机、电视等产品。

6. Huawei LiteOS

Huawei LiteOS 是华为面向物联网领域构建的"统一物联网操作系统和中间件软件平台",具有轻量级(内核小于 10KB)、低功耗、互联互通、安全等特点。Huawei LiteOS 目前主要应用于智能家居、车联网、智能抄表、工业互联网等物联网领域的智能硬件,还可以和 Huawei LiteOS 生态圈的硬件互联互通,提高用户体验。

1.4　Huawei LiteOS 介绍

1．Huawei LiteOS 的历史意义

从 2015 年开始，谷歌、微软等公司相继发布了自己的物联网操作系统。Linux 基金会也积极跟进，发布了 Zephyr，而站在 Linux 基金会身后的则是芯片巨头英特尔。谷歌也发布了新的操作系统 Fuchsia。

纵观信息时代的发展史，操作系统领域的争夺战贯穿了所有的标志性时代，如个人计算机时代、互联网时代、移动互联网时代。其中，最成功的操作系统无疑是 Windows、Linux、Android 及 iOS。今后也会有一款到两款操作系统作为物联网时代标志性的操作系统，类似的实时操作系统也会扩展到其他领域。基于实时系统的 AR、VR 或 MR 操作系统，将来作为统一的人机交互界面也很有可能，Huawei LiteOS 就是在这样的历史背景下产生的。

2．Huawei LiteOS 的现实意义

针对物联网解决方案，无论是华为提出的"1+2+1"还是"1+N"这样的概念，没有了 Huawei LiteOS，就缺少了个"1"，而少了物联网操作系统，在与开发者共同建设物联网生态系统的过程中，也会失色不少。对 Huawei LiteOS 来说，助力建设物联网生态系统就是其最大的现实意义。

3．Huawei LiteOS 的特点

LiteOS Kernel 是 Huawei LiteOS 操作系统基础内核，包括任务管理、内存管理、时间管理、通信机制、中断管理、队列管理、事件管理、定时器等操作系统基础组件，可以单独运行，具有以下特点。

（1）高实时性，高稳定性。

（2）超小内核，基础内核可以裁剪至 10KB 以下。

（3）低功耗。

（4）支持功能静态裁剪。

Huawei LiteOS 的内核分为两个层次，第一个层次是基础内核，第二个层次是扩展内核。扩展内核提供的能力包括运行/暂停机制、动态框架。基础内核的源码是开源的，读者可以在 GitHub 上看到。

4．硬件支持

Huawei LiteOS 目前已经适配了 30 多种开发板，其中包括 ST、NXP、GD、MIDMOTION、SILICON、ATME、GD、Nuvoton、Nordic Semiconductors、Microchip、ADI、TI SimpleLink 等主流厂商的开发板。

5．应用场景

Huawei LiteOS 可广泛应用于电力、能源、交通、制造、医疗、工业互联、智慧城市等行业和领域，可帮助合作伙伴降低运维成本，创造新的商业价值，提升消费者体验，共建智能、开放、创新的物联网生态。

第2章 移植 LiteOS 到 STM32

本章将介绍 Huawei LiteOS 实验所需的开发环境及基本配置。硬件使用华为 NB-IoT 全栈实验实训箱，该实训箱的主控板采用 STM32 开发板；在软件方面，通过 STM32CubeMX 软件配置生成 STM32 开发板初始化裸机工程代码，在此基础上再使用 Keil5 集成开发环境编辑、编译并移植 LiteOS 到 STM32。

学习目标

- 能够描述 LiteOS 实验所需的软/硬件环境；
- 能够安装及配置 STM32CubeMX 和 Keil5；
- 能够分析 LiteOS 源码的目录结构及其主要作用；
- 能够修改 LiteOS 移植过程中的相应配置文件。

2.1 IDE 概述

集成开发环境（Integrated Development Environment，IDE），是用于提供程序开发环境的应用程序，一般包括代码编辑器、编译器、调试器和图形用户界面等工具。IDE 集成了代码编写、分析、编译、调试等功能，是一体化的开发软件。所有具备这一特性的软件或者软件套（组）都可以称作 IDE。

目前，市场上常用的 STM32 微处理器的 IDE 有 Eclipse、IAR、LiteOS Studio、Keil μVision5 等，本书使用 Keil μVision5 作为 IDE，用于编辑、编译、链接、调试程序代码，并烧录程序到 STM32 开发板。另外，为生成 STM32 开发板初始化代码，还需要使用 STM32CubeMX 软件。

Keil μVision5 是 Keil 公司（ARM 公司之一）推出的 KeilMDKv5，该版本使用μVision5 IDE，是目前针对 ARM MCU，尤其是基于 ARM Cortex-M 内核的 MCU 最佳的一款集成开发工具。Keil μVision5 主界面如图 2-1 所示。

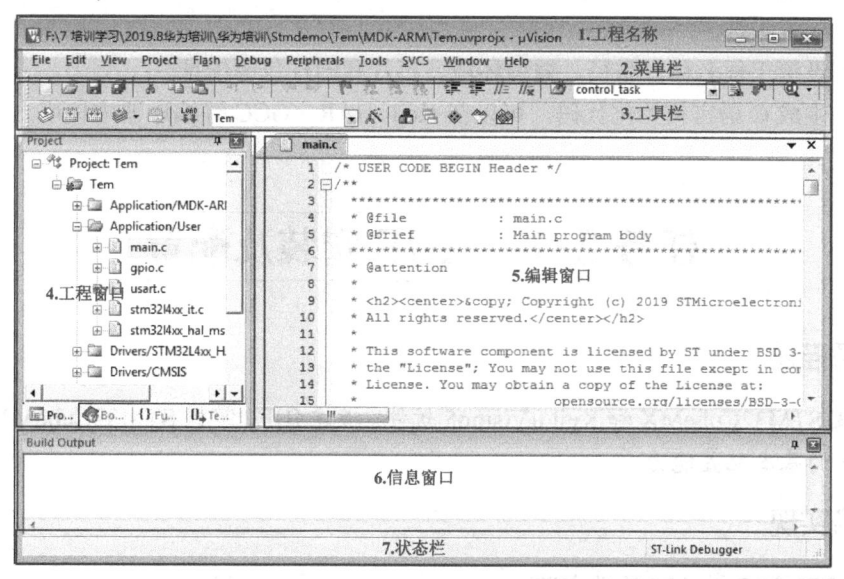

图 2-1　Keil μVision5 主界面

STM32CubeMX 是意法半导体（ST）公司推出的 STM32 芯片图形化配置工具，是基于 Java 环境运行的一个插件（安装 STM32CubeMX 软件之前，需要先安装 Java 运行环境），用于配置 STM32 产品及使用图形化向导生成 C 语言初始化代码，可大大减少开发工作的时间和成本。STM32CubeMX 主界面如图 2-2 所示。

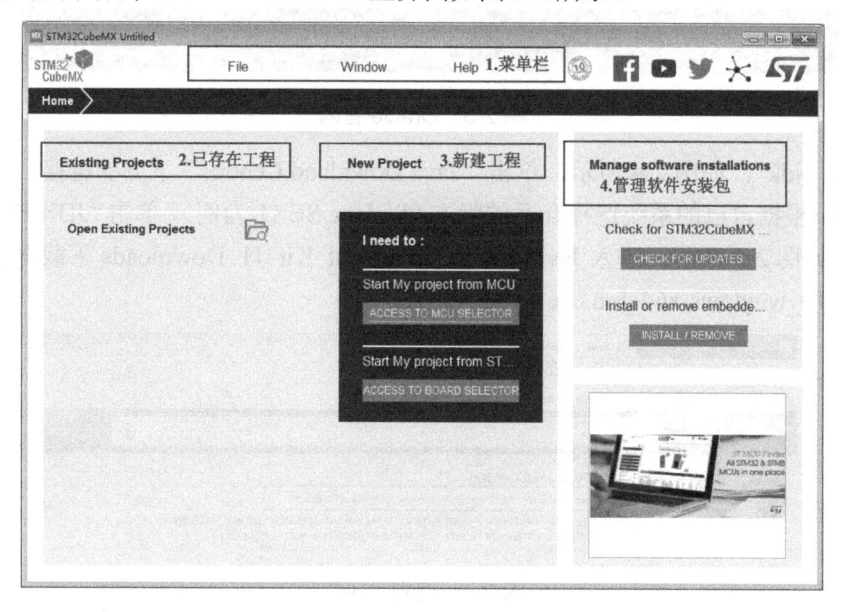

图 2-2　STM32CubeMX 主界面

STM32CubeMX 配置流程如下。
(1) 选择芯片系列、型号及封装引脚，新建工程。
(2) 配置 SYS、RCC、USART 等引脚信息。
(3) 配置时钟。
(4) 设置工程名称、路径、编程环境、芯片和固件包等信息。
(5) 生成 C 语言初始化代码，可以在 Keil、IAR、GCC 等编译器中使用。

任务 2-1　IDE 安装及配置

🎯 任务描述

安装 STM32CubeMX 和 Keil μVision5 软件，搭建 IDE，掌握 STM32CubeMX 和 Keil μVision5 的基本配置能力。

⏰ 任务实现

1. STM32CubeMX 软件安装

(1) 下载并安装 Java 开发工具包 JDK，配置环境变量。

登录 Oracle 官网，单击"搜索"按钮，如图 2-3 所示。

图 2-3　Oracle 官网

搜索"jdk"，如图 2-4 所示，单击"Java Download Central"下方的链接，进入下载中心界面，根据自己的系统选择合适的版本（以 Java SE 11 为例），单击"JDK Download"超链接，如图 2-5 所示，进入 Java SE Development Kit 11 Downloads 下载页面，找到"jdk-11.0.10_windows-x64_bin.exe"，进行下载。

图 2-4　搜索"jdk"

图 2-5　单击"JDK Download"超链接

双击打开 JDK 安装程序 jdk-11.0.10_windows-x64_bin.exe，在弹出的"安装程序"对话框中，单击"下一步"按钮，如图 2-6 所示。

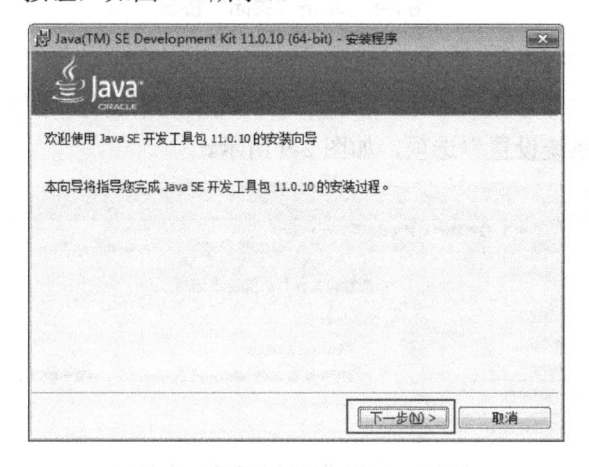

图 2-6　"安装程序"对话框

选择"开发工具"选项，单击"下一步"按钮，如图 2-7 所示。

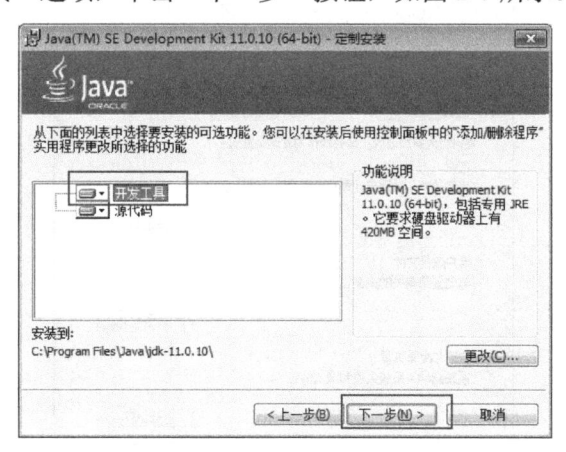

图 2-7　选择"开发工具"选项

等待安装完成，单击"关闭"按钮，如图 2-8 所示。

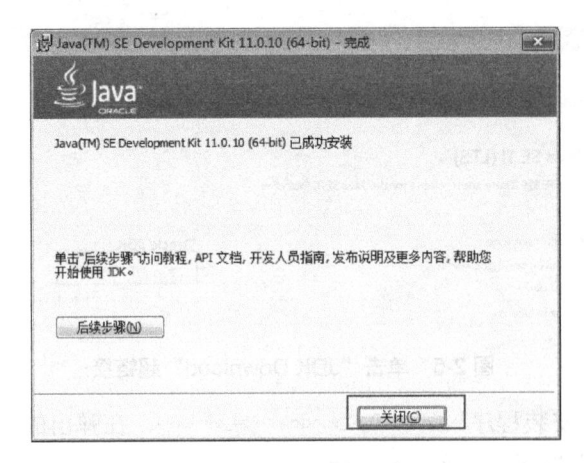

图 2-8 单击"关闭"按钮

接下来配置环境变量。

右击桌面上的"计算机"图标,在弹出的快捷菜单中选择"属性"命令,打开属性窗口,单击"高级系统设置"选项,如图 2-9 所示。

图 2-9 单击"高级系统设置"选项

进入"系统属性"对话框,单击"高级"选项卡下的"环境变量"按钮,如图 2-10 所示。

图 2-10 单击"环境变量"按钮

进入"环境变量"对话框,在"系统变量"下方单击"新建"按钮,在弹出的"新建系统变量"对话框中,设置"变量名"为"JAVA_HOME","变量值"为"C:\Program Files\Java\ jdk-11.0.10"(变量值与 JDK 安装路径必须保持一致),然后单击"确定"按钮,如图 2-11 所示。

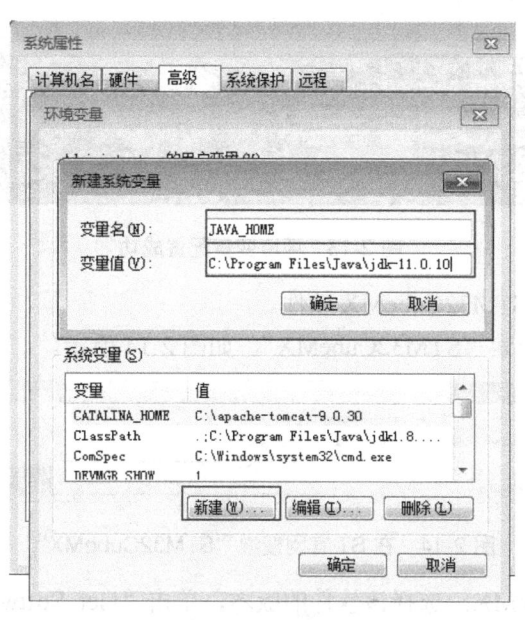

图 2-11 新建 JAVA_HOME 环境变量

选择系统变量"Path",单击"编辑"按钮,在弹出的"编辑系统变量"对话框的"变量值"文本框中输入"%JAVA_HOME%\bin;",单击"确定"按钮,如图 2-12 所示。

图 2-12 编辑系统变量"Path"

测试环境变量是否配置成功。单击桌面左下角"开始"按钮，在弹出的"开始"菜单中单击"运行"命令，在弹出的"运行"对话框中输入"cmd"，单击"确定"按钮，弹出命令行模式窗口，在命令提示符下输入命令"java-version"，若出现如图 2-13 所示的信息，则说明环境变量配置成功。

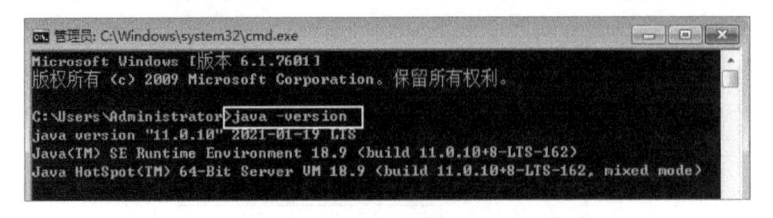

图 2-13　环境变量配置成功

（2）下载并安装 STM32CubeMX 软件。

登录 ST 官网，搜索"STM32CubeMX"，如图 2-14 所示。

图 2-14　在 ST 官网搜索"STM32CubeMX"

找到 STM32CubeMX，选择该软件的版本，单击"Get Software"按钮，如图 2-15 所示，注册 ST 官方账号，并进行下载。

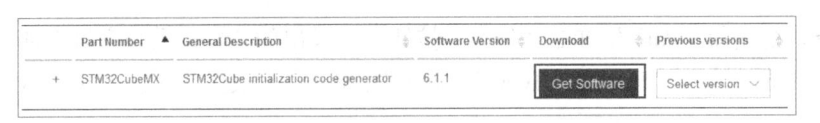

图 2-15　单击"Get Software"按钮

下载完成后解压缩安装包，双击打开安装程序 SetupSTM32CubeMX-6.1.1.exe，在安装向导窗口单击"Next"按钮进行安装，如图 2-16 所示。

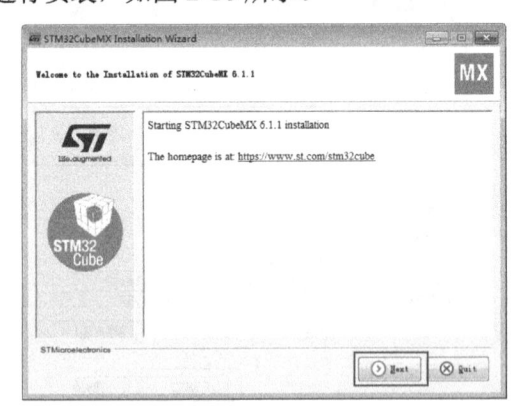

图 2-16　STM32CubeMX 安装向导

等待安装完成，单击"Done"按钮，如图 2-17 所示。

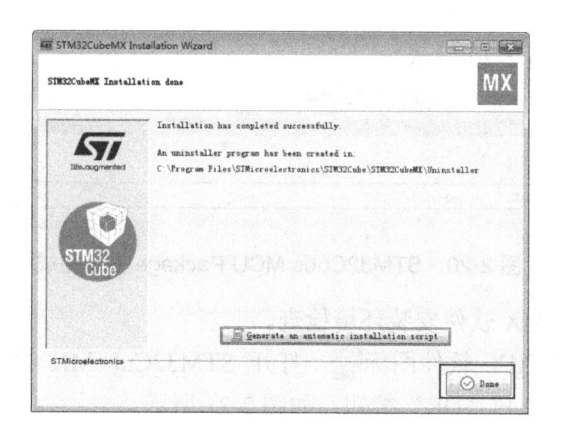

图 2-17　单击"Done"按钮完成安装

(3) 下载并安装 STM32 MCU 软件开发包。

双击打开 STM32CubeMX 软件，进入主界面。选择"Help"→"Manage embedded software packages"命令，如图 2-18 所示。

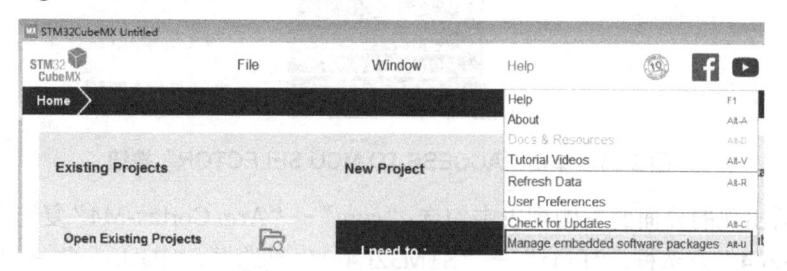

图 2-18　Manage embedded software packages

根据 STM32 开发板所用芯片型号选择合适的软件开发包进行安装。本书实验开发板所用芯片型号属于 STM32L4 系列，因而选择"STM32Cube MCU Packages"下的"STM32L4"，勾选最新版本软件开发包，单击"Install Now"进行下载并安装，如图 2-19 所示。

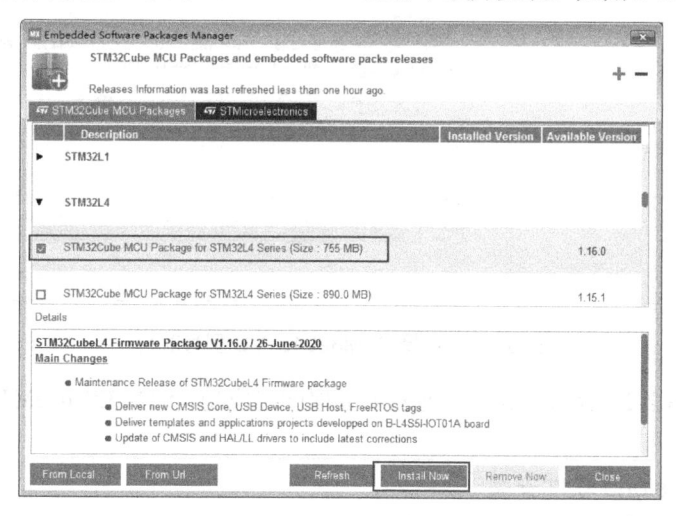

图 2-19　下载并安装 STM32Cube MCU Package

安装完成后，如图 2-20 所示。

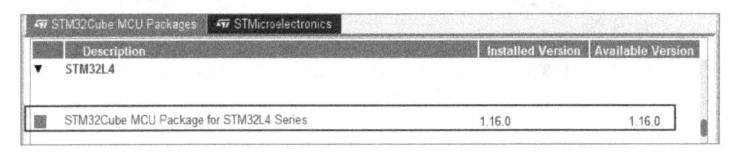

图 2-20 STM32Cube MCU Package 安装完成

（4）STM32CubeMX 软件安装环境检查。

双击 STM32CubeMX 软件图标，打开 STM32CubeMX 软件，在主界面中单击"ACCESS TO MCU SELECTOR"按钮，如图 2-21 所示。

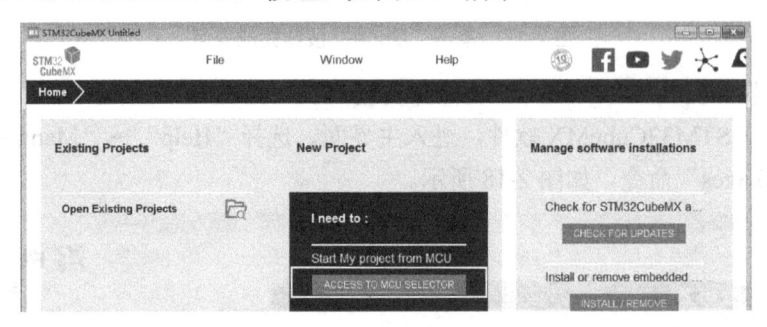

图 2-21 单击"ACCESS TO MCU SELECTOR"按钮

在随后出现的界面的左侧列表中勾选："core"→"Arm Cortex-M4"复选框，"Series"→"STM32L4"复选框，"Line"→"STM32L4x1"复选框，"Package"→"LQFP100"复选框，然后双击右侧芯片型号 STM32L431VC，新建工程，如图 2-22 所示。

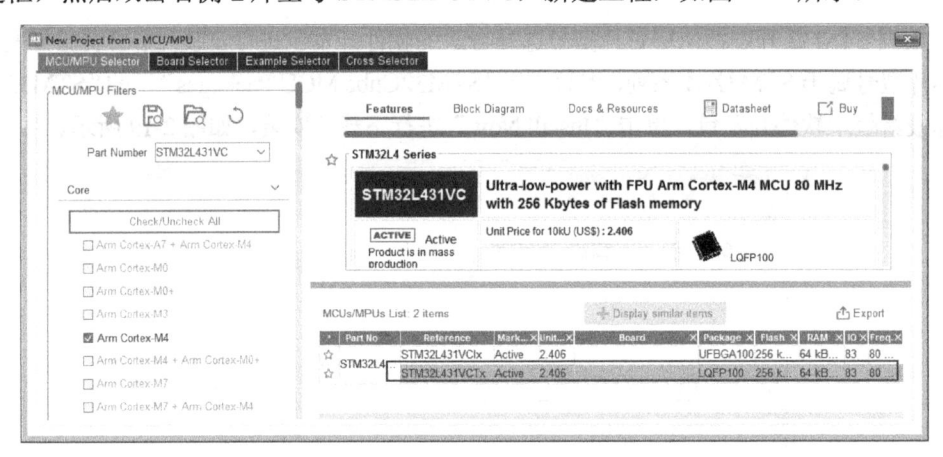

图 2-22 选择 STM32L431VC 型号芯片

若出现如图 2-23 所示的界面，则表示工程创建成功，STM32CubeMX 软件环境安装无误。

2. Keil μVision5 软件安装

（1）下载并安装 Keil μVision5 软件。

登录 Keil 官方网站的"Download Products"界面，单击"MDK-Arm"按钮，如图 2-24 所示。

图 2-23　成功创建工程

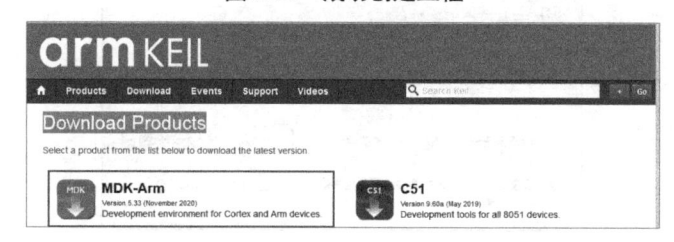

图 2-24　Keil 官方网站的"Download Products"界面

在随后弹出的界面中，填写个人信息并提交，即可看到下载链接。单击"MDK533.EXE"按钮，如图 2-25 所示。

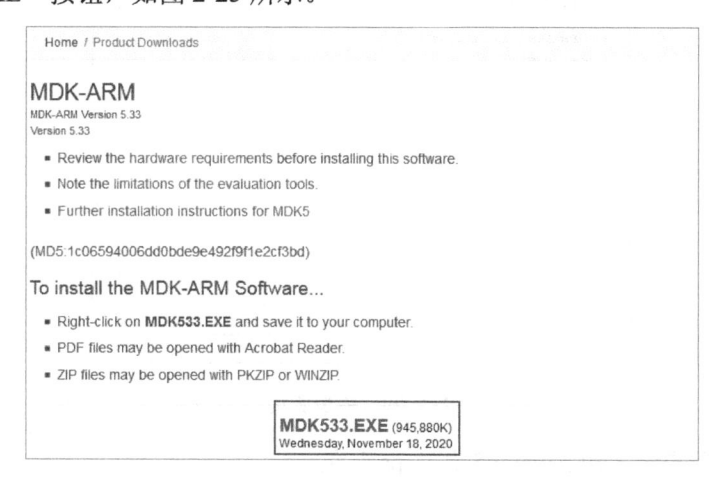

图 2-25　单击"MDK533.EXE"按钮

下载完成后，双击 Keil 安装包，根据安装向导进行安装，如图 2-26 所示。

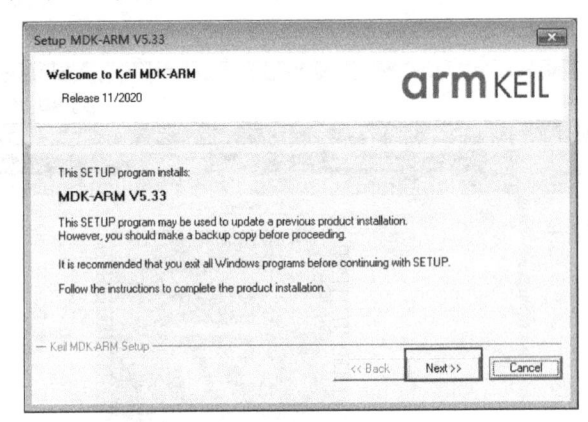

图 2-26　Keil 安装向导

接受协议，选择安装目录，填写个人信息之后进入安装，当出现弹窗提示是否要安装 KEIL-Tools By ARM 通用串行总线控制器时，单击"安装"按钮，如图 2-27 所示。

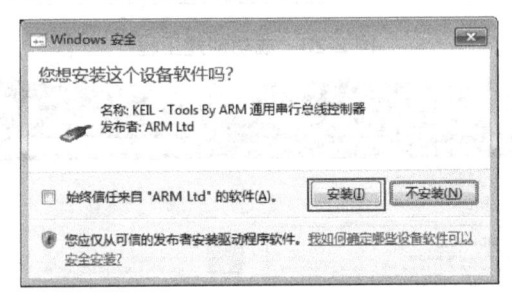

图 2-27　安装通用串行总线控制器

最后单击"Finish"按钮完成安装，如图 2-28 所示。

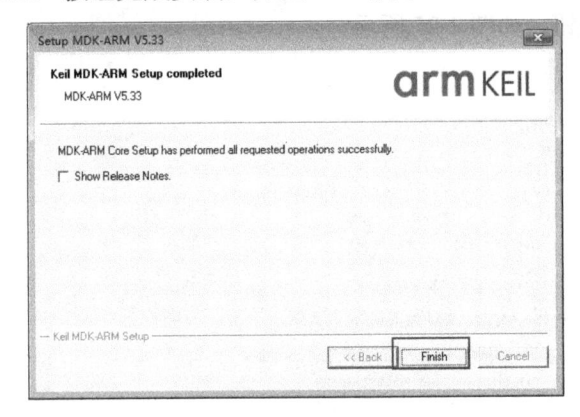

图 2-28　安装完成

（2）下载并安装 Keil μVision5 芯片 pack 包。

在浏览器地址栏输入 Keil.STM32L4xx_DFP.2.5.0.pack 下载包网址，下载 STM32L431VC 的 pack 包 Keil.STM32L4xx_DFP.2.5.0.pack 并安装，如图 2-29 所示。

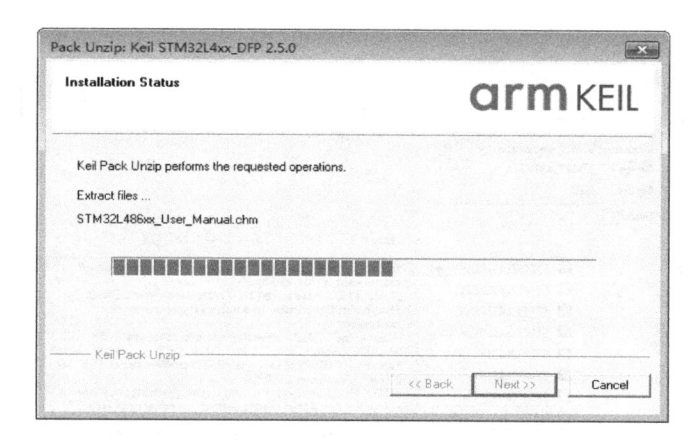

图 2-29　安装 Keil.STM32L4xx_DFP.2.5.0.pack

（3）Keil μVision5 软件安装环境检查。

在 Keil μVision5 界面中选择"Project"→"New μVision Project"命令，如图 2-30 所示。

图 2-30　新建工程

选择工程保存路径，填写"文件名"为"Demo"，单击"保存"按钮，如图 2-31 所示。

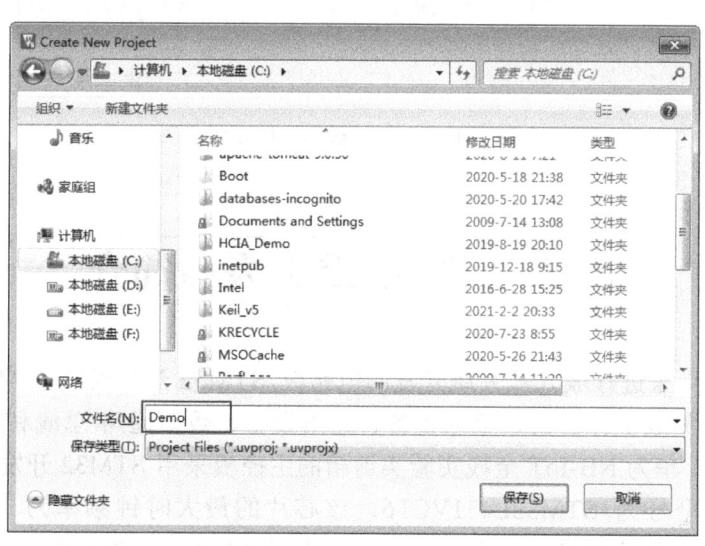

图 2-31　选择工程保存路径

选择芯片 pack 包型号，单击"OK"按钮，如图 2-32 所示。

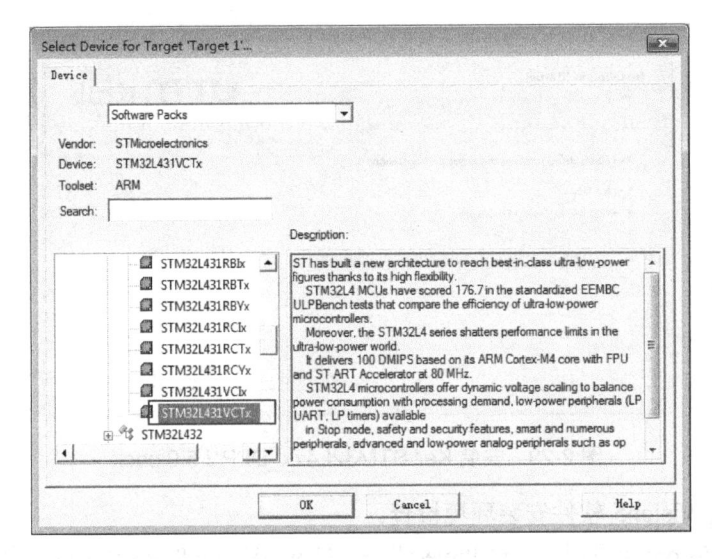

图 2-32 选择芯片 pack 包型号

若出现如图 2-33 所示的界面，则表示已经创建生成一个基础工程，Keil μVision5 环境安装无误。

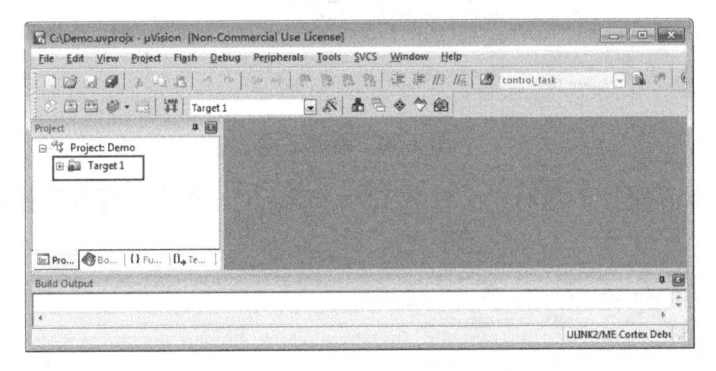

图 2-33 创建生成一个基础工程

2.2　STM32 开发板简介

开发板是用来进行嵌入式系统开发的电路板，STM32 开发板以 STM32 系列 MCU 为主控芯片，集成了存储器、输入设备、输出设备、数据通路/总线和外部资源接口等一系列硬件。华为 NB-IoT 全栈实验实训箱的主控板采用 STM32 开发板，如图 2-34 所示，MCU 型号为 STM32L431VCT6，该芯片的最大时钟频率为 80MHz，采用 LQFP100 封装，程序存储器大小为 256KB，数据 RAM 大小为 64KB，数据 RAM 类型为 SRAM。

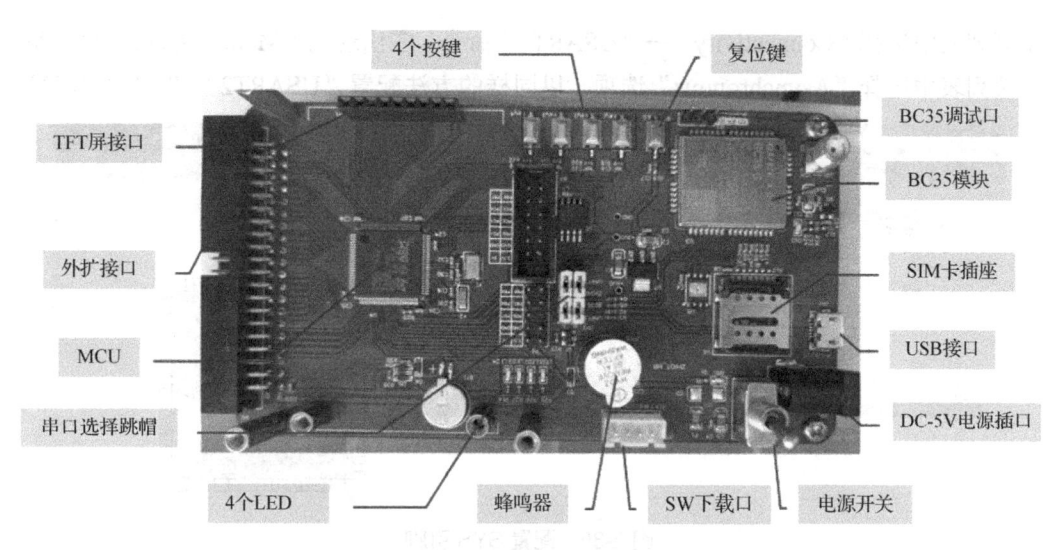

图 2-34 华为 NB-IoT 全栈实验实训箱主控板

任务 2-2　生成 STM32 的裸机工程模板

任务描述

通过配置 STM32CubeMX 软件，生成 STM32 开发板裸机工程代码。

说明：裸机工程可以为之后移植物联网操作系统 LiteOS 提供硬件配置文件和外设驱动文件，同时可以测试开发板的基本功能。

任务实现

1. 新建工程

打开 STM32CubeMX 软件，新建工程（方法见任务 2-1 中"STM32CubeMX 软件安装环境检查"部分）。

2. 引脚配置

（1）配置烧录调试方式（SYS）引脚。如图 2-35 所示，在"Pinout&Configuration"选项卡左侧列表中选择"System Core"→"SYS"命令，在出现的"Mode"界面的"Debug"下拉列表中选择"Serial Wire"选项，即 SWD 接口，该接口适用于 STLink 和 JLink。

（2）配置时钟（RCC）引脚。如图 2-36 所示，在"Pinout&Configuration"选项卡左侧列表中选择"System Core"→"RCC"命令，在出现的"Mode"界面的"High Speed Clock（HSE）"下拉列表中选择"Crystal/Ceramic Resonator"选项，即采用外部晶振作为 HSE 的时钟源。

（3）配置串口（UART）引脚。如图 2-37 所示，在"Pinout&Configuration"选项卡

左侧列表中选择"Connectivity"→"USART1"命令,在出现的"Mode"界面的"Mode"下拉列表中选择"Asynchronous"选项,以同样的方法配置"USART2"和"USART3"。

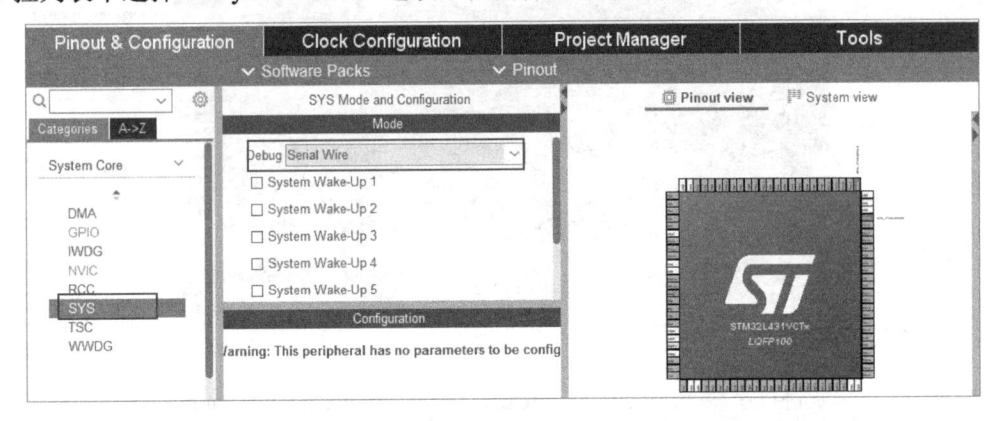

图 2-35　配置 SYS 引脚

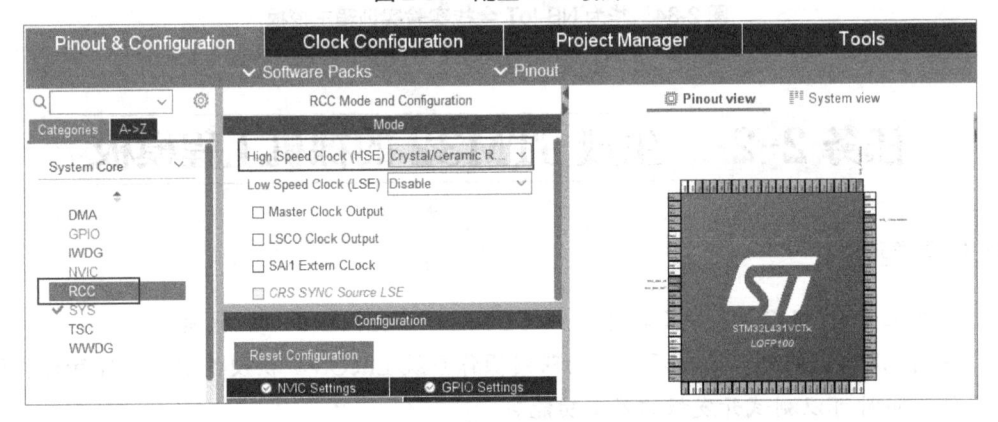

图 2-36　配置 RCC 引脚

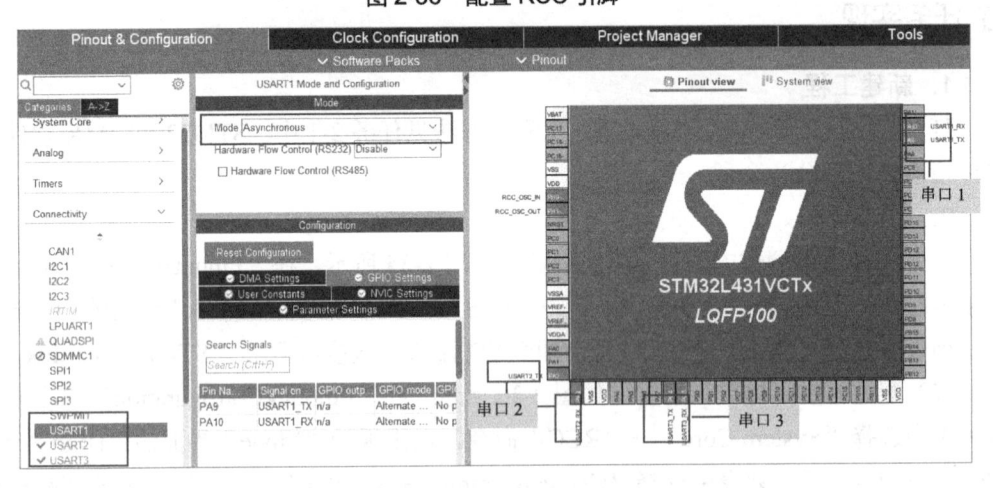

图 2-37　配置 UART 引脚

（4）配置 LED 引脚。如图 2-38 所示,在"Pinout&Configuration"选项卡左侧列表中选择"System Core"→"GPIO"命令,单击右侧芯片上方的"PD2"（接开发板上的

LED4),在弹出的列表框中选择"GPIO_Output"选项,以相同的方法配置 PD3、PD4、PD5 引脚(分别接开发板上的 LED3、LED2、LED1)。

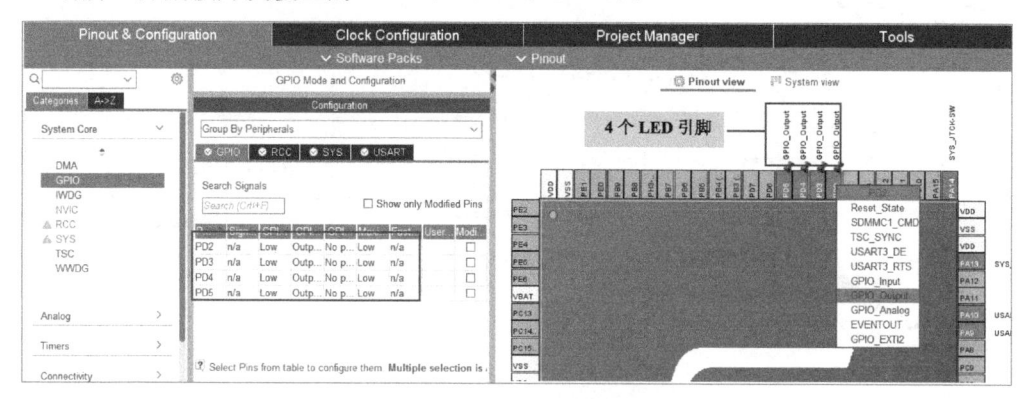

图 2-38 配置 LED 引脚

(5)配置 KEY 引脚。如图 2-39 所示,单击右侧芯片下方的"PA4"(接开发板上的 KEY1),在弹出的列表框中选择"GPIO_Input"选项,然后在"GPIO Pull-up/Pull-down"下拉列表中选择"Pull-up"选项,再以相同的方法配置 PA5、PA6、PA7 引脚(分别接开发板上的 KEY2、KEY3、KEY4)。

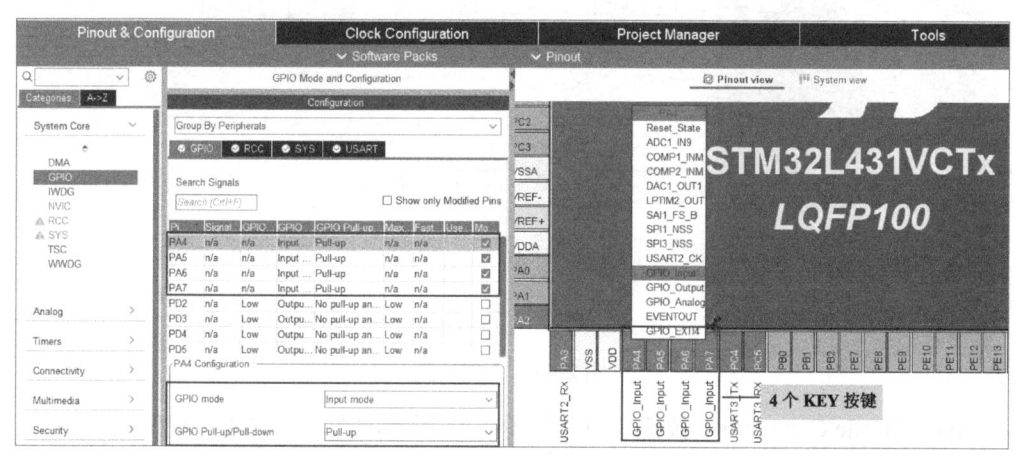

图 2-39 配置 KEY 引脚

3.时钟配置

单击"Clock Configuration"选项卡,根据图 2-40 配置时钟信号。最高时钟频率为 80MHz,在"HCLK(MHz)"处输入"80"。

4.工程设置

单击"Project Manager"选项卡,单击"Project"按钮,填写"Project Name"(工程名称)和"Project Location"(保存路径),在"Toolchain/IDE"下拉列表中选择"MDK-ARM"选项,在"Min Version"下拉列表中选择"V5"选项,如图 2-41 所示。

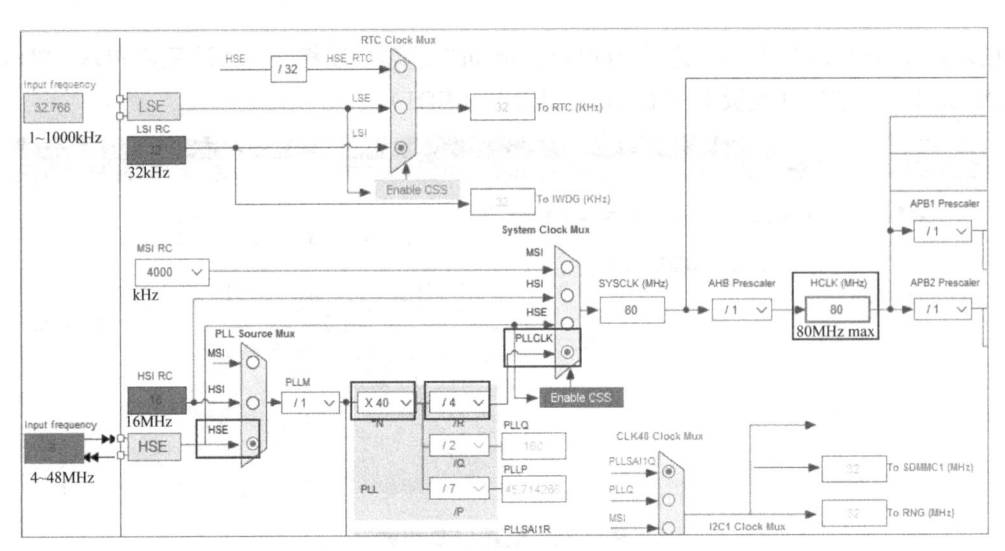

图 2-40 时钟配置

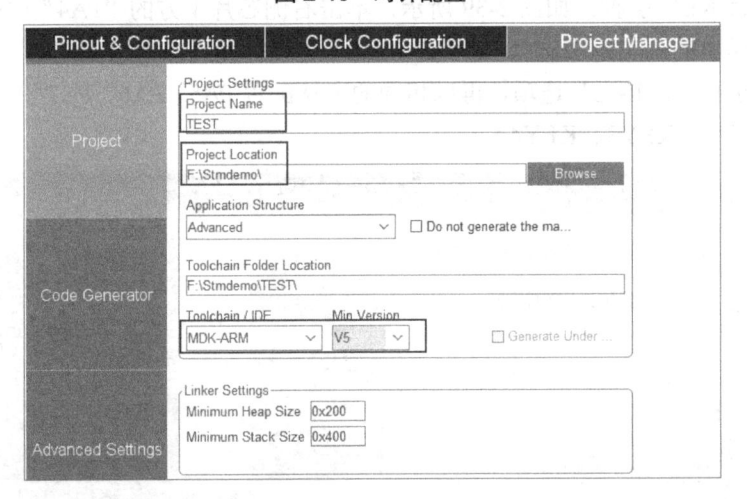

图 2-41 工程设置

单击"Code Generator"按钮，勾选如图 2-42 所示的选项，完成工程配置。

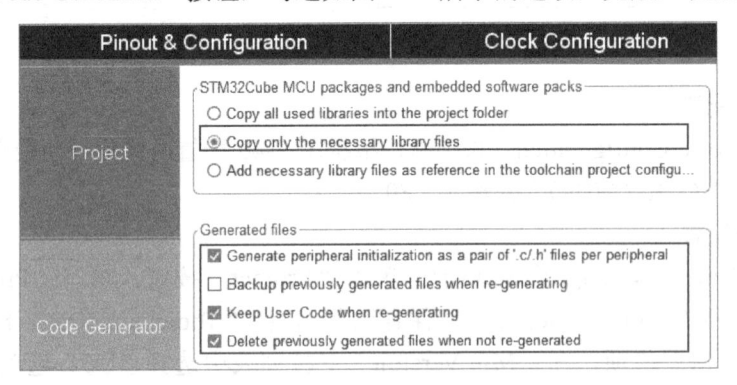

图 2-42 Code Generator 配置

5. 生成初始化代码

单击"GENERATE CODE"按钮，在弹出的对话框中单击"Open Project"按钮，如图 2-43 所示。

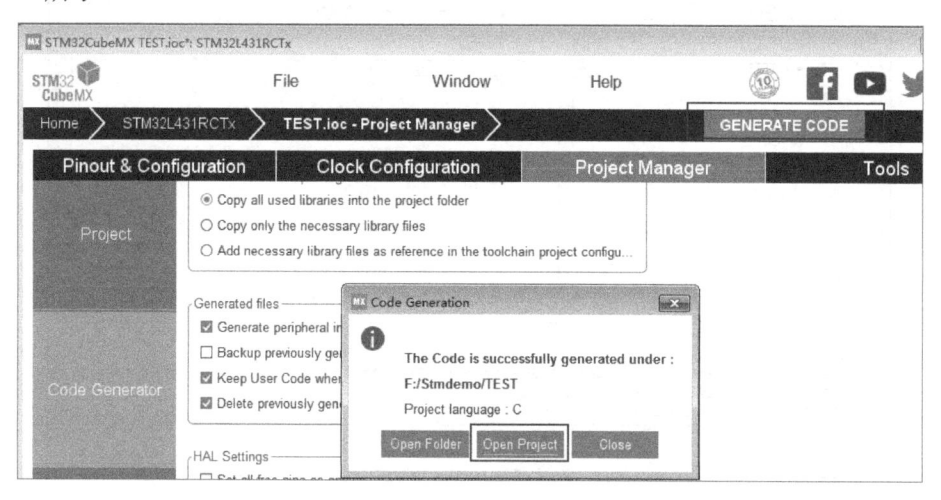

图 2-43　单击"Open Project"按钮

随后自动弹出 Keil5 软件界面，在 Keil5 中打开名为"TEST"的工程，检查工程文件是否完整无误，如图 2-44 所示。

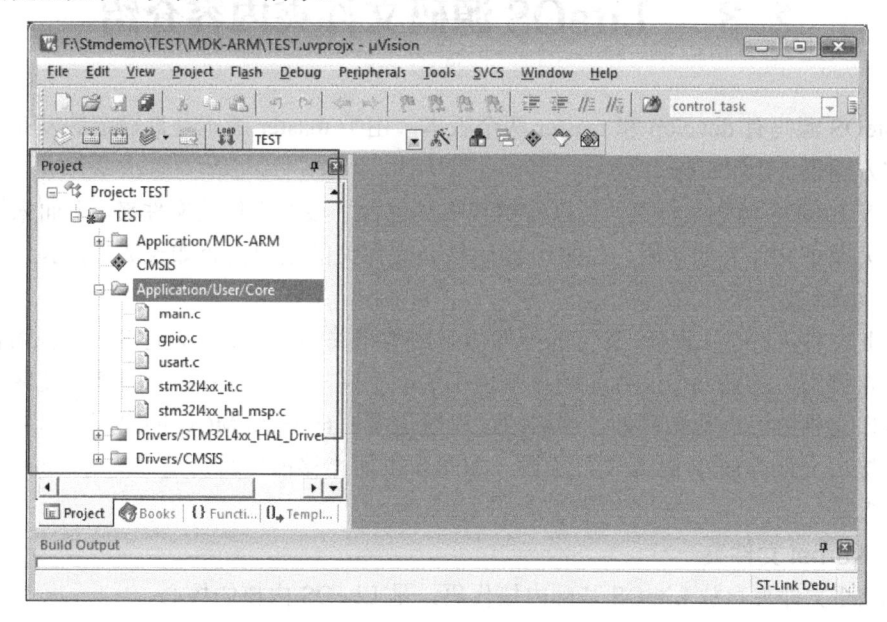

图 2-44　在 Keil5 中打开 TEST 工程

单击"Build"按钮进行编译，查看运行结果，如图 2-45 所示。

根据图 2-45 的输出信息，"0 Error(s),0 Warning(s)"表示编译成功，说明初始化代码生成无误。（只要输出为"0 Error(s)"，就表示编译成功。）

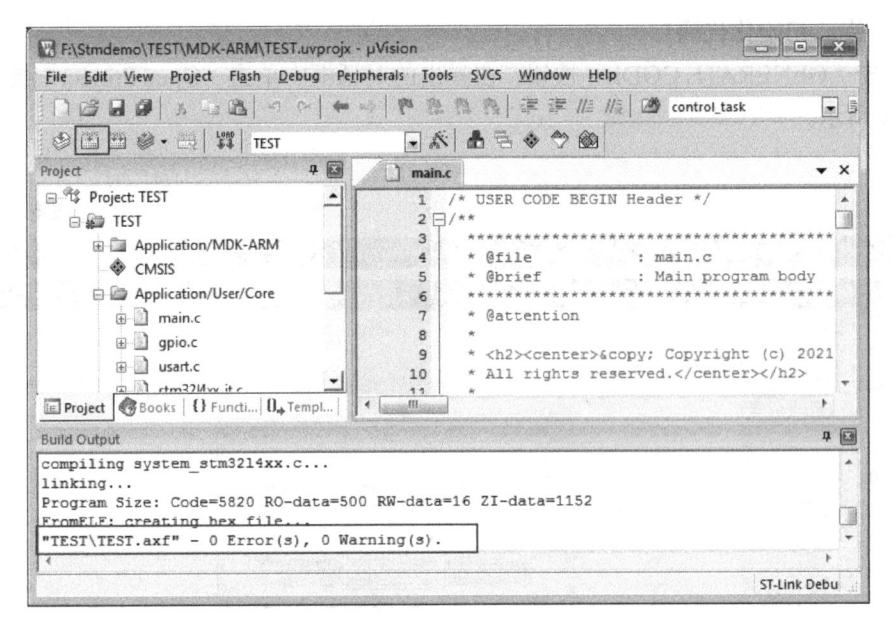

图 2-45　查看运行结果

2.3　LiteOS 源码文件夹内容介绍

LiteOS 源码有 develop 和 master 两个版本，由于 master 版本是最稳定的发布版本，华为官方建议使用 master 版本。

打开 LiteOS 源码文件夹，可以看到其中又包含了很多文件及文件夹，下面来了解主要文件夹及子文件夹的作用。LiteOS 源码核心文件夹的主要内容如表 2-1 所示。

1．arch 文件夹

arch 文件夹存放 LiteOS 支持的硬件体系结构相关的接口文件，通常由汇编语言和 C 语言联合编写。这些接口文件与硬件密切相关，不同的硬件对应不同的接口文件，编写这些接口文件的过程称为移植，移植的过程通常由 LiteOS 和 MCU 的原厂人员完成，移植好的接口文件存放在 arch 文件夹中。本章所讲的"移植"其实是"使用 LiteOS 官方的移植"。

2．kernel 文件夹

kernel 文件夹存放 LiteOS 基础内核代码，是 LiteOS 内核的核心。

3．components 文件夹

components 文件夹存放除内核外的第三方组件，如 agent_tiny、lwip、lwm2m 等。

4．demos 文件夹

demos 文件夹存放供开发人员测试 LiteOS 内核的 demo，是内核功能测试相关的案例程序代码。

5. targets 文件夹

targets 文件夹存放板级工程代码，含原厂芯片驱动。LiteOS 已经为一些半导体厂商的评估板写好程序，这些程序被放在 targets 文件夹中。

表 2-1　LiteOS 源码核心文件夹的主要内容

一级目录	二级目录	三级目录	说明
arch	arm	arm-m	M 核中断、调度、Tick 相关代码
		common	ARM 核公用的 CMSIS Core 接口
build			LiteOS 编译系统需要的配置及脚本
components	connectivity	agent_tiny	agent_tiny 端云互通组件，包括公共头文件、示例代码、客户端实现代码、操作系统适配层代码
		lwm2m	LwM2M 协议实现
		mqtt	MQTT 开源协议实现
		nb_iot	LiteOS NB-IoT API
	fs		文件系统，含 VFS、SPIFFS、RAMFS、KIFS、FATFS、DEVFS
	lib	cjson	C 语言 JSON 库
	log		日志等级控制
	net	at_device	AT 设备适配层
		at_frame	LiteOS AT 框架 API
		lwip/lwip_port	LwIP 驱动及 OS 适配代码
		lwip/lwip-2.0.3	LwIP 协议实现
		lwip/ppp_port	LwIP 协议 PPP 端口支持
		sal	Socket 通信支持
	ota		固件升级代码
	security	mbedtls/mbedtls_port	mbed TLS 的 OS 适配代码
		mbedtls/mbedtl-2.6.0	mbed TLS 协议实现
demos	agenttiny_lwm2m		LwM2M 协议 demo
	agenttiny_mqtt		MQTT 协议 demo
	dtls_server		DTLS 协议 demo
	fs		文件系统 demo
	ipv6_client		IPv6 协议 demo
	kernel	api	供开发者测试 LiteOS 内核的 demo 示例代码
		include	API 功能头文件存放目录
	nbiot_without_atiny		NB_IoT demo
doc			此目录存放的是 LiteOS 的使用文档和 API 说明等文档
include			components 各个模块所依赖的头文件
kernel	base	core	LiteOS 基础内核代码，包括任务、软件定时器、队列、Tick 等功能
		include	LiteOS 基础内核内部使用的头文件
		ipc	LiteOS 中 IPC 通信相关的代码文件，包括事件、信号量、消息队列、互斥锁等

续表

一级目录	二级目录	三级目录	说明
kernel	base	mem	LiteOS 中的内存管理相关代码
		misc	内存对齐功能及毫秒级休眠功能
		om	错误处理的相关文件
	include		LiteOS 开源内核头文件
osdepends	liteos	cmsis	LiteOS 提供的 CMSIS OS 适配接口
targets	Cloud_STM32F429IGTx_FIRE		野火 STM32F429（ARM Cortex-M4）开发板的开发工程源码包
	STM32F103VET6_NB_GCC		STM32F103VET6 开发板的开发工程源码包

任务 2-3　LiteOS 的移植

任务描述

登录 Huawei LiteOS 官方网站获取 LiteOS 源码，并将其移植到 STM32 开发板芯片中，实现芯片/开发板与外设驱动程序的适配。

说明：对于嵌入式设备，由于资源有限，且芯片型号和外设差异较大，所以物联网操作系统无法像 Windows/Linux 操作系统那样适配集成所有驱动，因此通常会先适配部分芯片/开发板。为了让操作系统运行在其他芯片/开发板上，就需要移植。

移植时不需要把整个 LiteOS 源码都放到工程文件中，只需把源码中的核心部分单独提取出来，否则工程的代码量会太大。

LiteOS 有两种移植方案：接管中断方式和非接管中断方式。接管中断方式是由 LiteOS 创建和管理中断，需要修改 stm32 启动文件，移植比较复杂。STM32 的中断管理做得很好，无须由 LiteOS 管理中断，下面任务实现中讲解的移植方案采用非接管中断方式。中断的使用与在裸机工程时一样。在 target_config.h 文件中，LOSCFG_PLATFORM_HWI 宏定义为 NO，即非接管中断方式。

任务实现

1. 移植前的准备工作

登录 Huawei LiteOS GitHub 网站，单击"Tags"按钮，进入如图 2-46 所示的界面，选择"LiteOSV200R001C50B038"进行下载（由于 LiteOS 在不断更新，本书以 LiteOSV200R001C50B038"为例）。

解压 LiteOSV200R001C50B038.zip 压缩包，查看解压后的文件夹，如图 2-47 所示。

使用 STM32CubeMX 软件创建裸机工程（裸机工程指 STM32CubeMX 配置生成的初始化代码，详见任务 2-2，裸机工程界面如图 2-44 所示）。

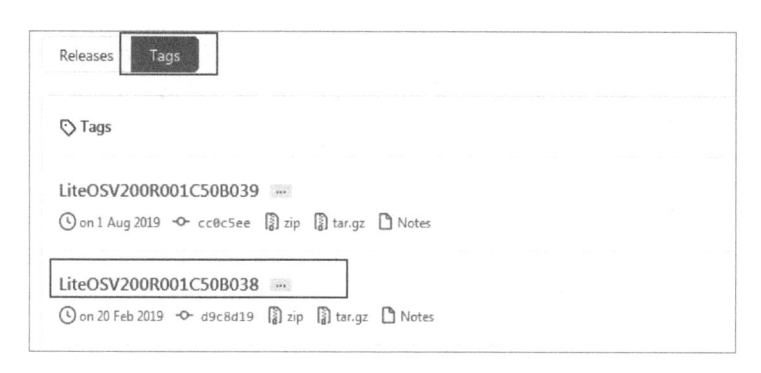

图 2-46 下载 LiteOS 源码压缩文件

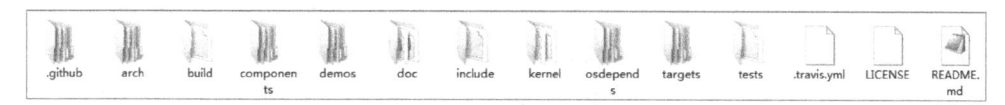

图 2-47 解压后的文件夹

2. 复制 LiteOS 内核源码及测试相关代码

从 LiteOS 中复制如图 2-48 所示的 4 个文件夹。

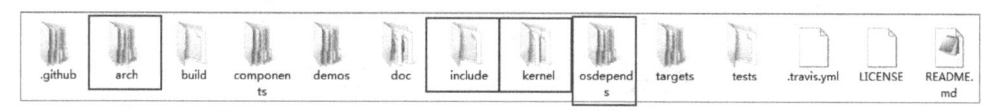

图 2-48 从 LiteOS 中复制 4 个文件夹

在裸机工程中创建"Middlewares/LiteOS"文件夹，把如上 4 个文件复制进去，如图 2-49 所示。

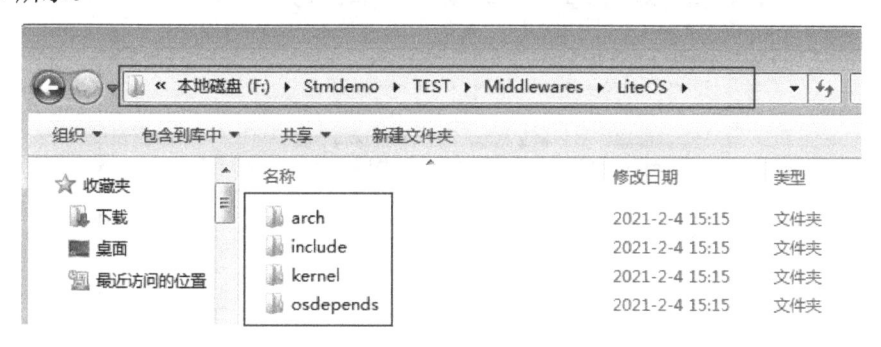

图 2-49 复制到"Middlewares/LiteOS"文件夹

在源码文件夹路径"targets\STM32F103VET6_NB_GCC"下复制"OS_CONFIG"文件夹，如图 2-50 所示。

将"OS_CONFIG"文件夹复制到裸机工程中，如图 2-51 所示。

3. 添加源文件目录

在裸机工程项目中，选择"Project"→"Manage"→"Project Items"命令，弹出"Manage Project Items"对话框，如图 2-52 所示。

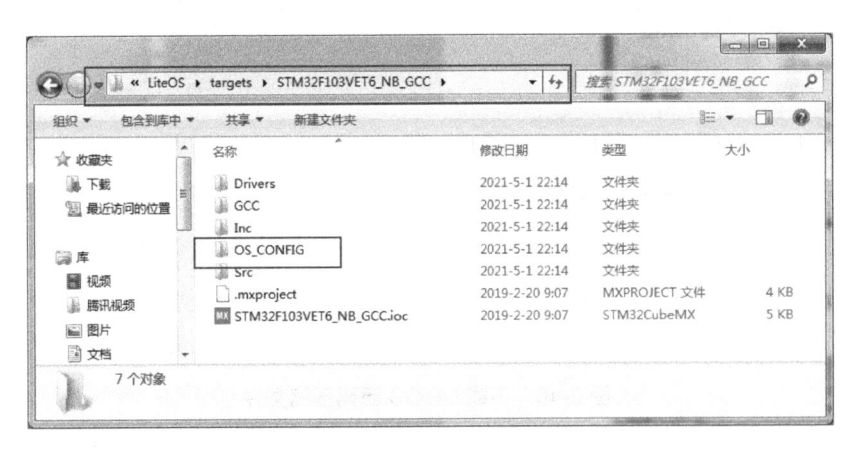

图 2-50 复制"OS_CONFIG"文件夹

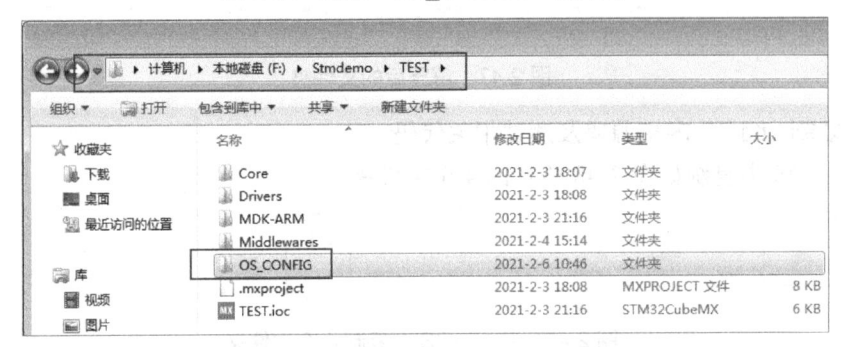

图 2-51 将"OS_CONFIG"文件夹复制到裸机工程中

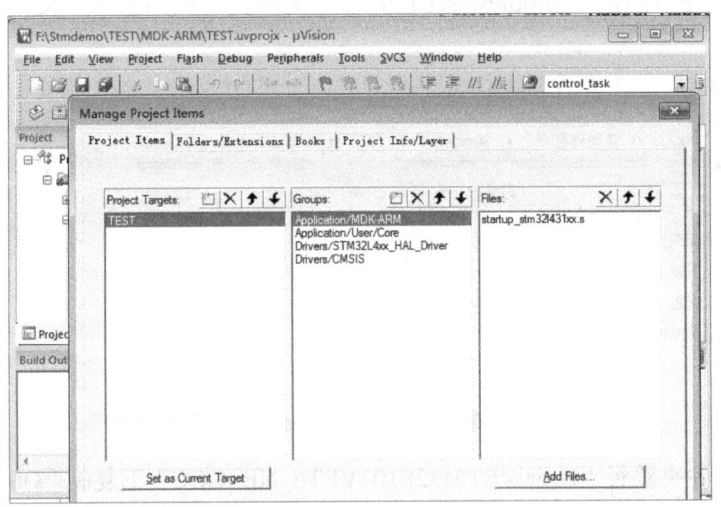

图 2-52 "Manage Project Items"对话框

单击"新建"按钮，创建"Middlewares/LiteOS/arch"文件夹，单击"Add Files"按钮，添加文件，如图 2-53 所示。

按图 2-54 添加需要的文件，文件路径为"裸机工程名\Middlewares\LiteOS\arch\arm\arm-m\src"。

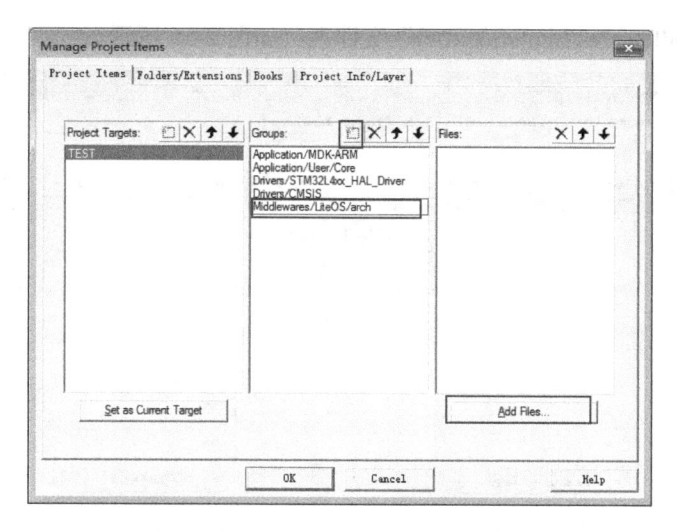

图 2-53 创建 "Middlewares/LiteOS/arch" 文件夹

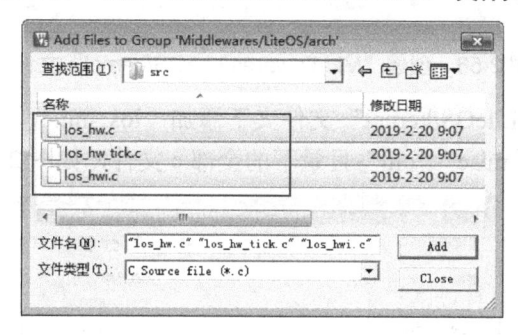

图 2-54 添加 "los_hw.c" "los_hw_tick.c" 和 "los_hwi.c" 文件

不关闭此对话框，返回目录 "arch\arm\arm-m\cortex-m4\keil"，继续添加如图 2-55 所示的文件。

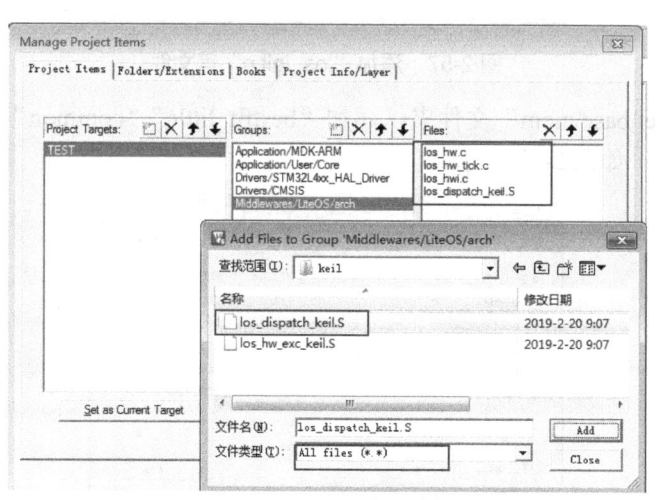

图 2-55 添加 "los_dispatch_keil.S" 文件

创建"Middlewares/LiteOS/kernel"文件夹，如图 2-56 所示。

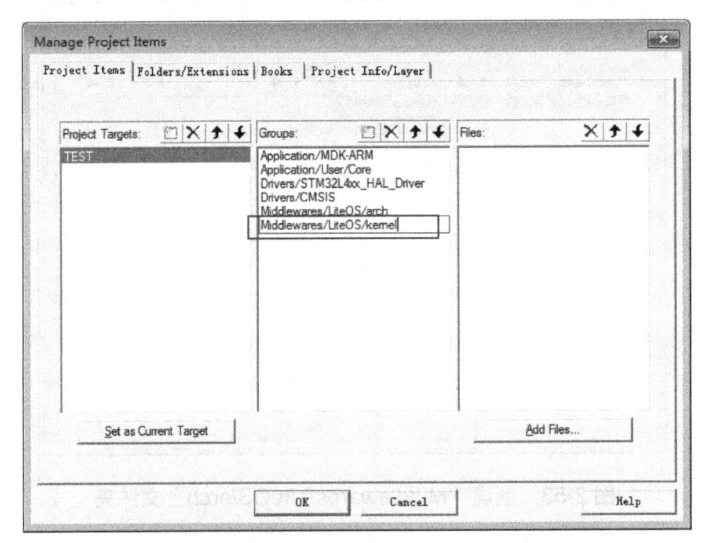

图 2-56　创建"Middlewares/LiteOS/kernel"文件夹

在"Middlewares/LiteOS/kernel"文件夹下添加"los_init.c"文件，以及"base"文件夹下"core""ipc""misc""om"目录下的全部.c 文件，如图 2-57 所示。

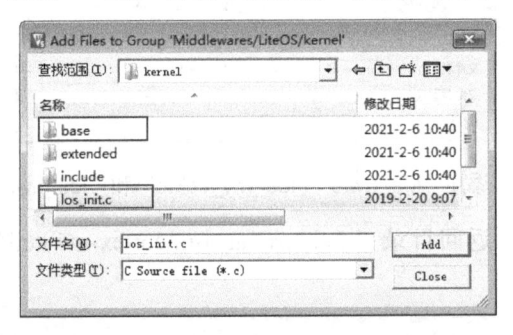

图 2-57　添加"los_init.c"等文件

进入"kernel\base\mem"文件夹，添加"bestfit_little""common""membox"文件夹下的所有文件，如图 2-58 所示。

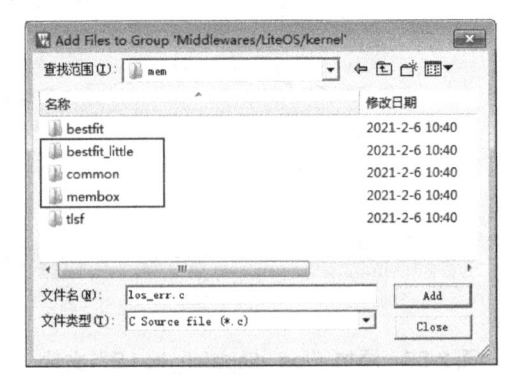

图 2-58　添加"bestfit_little""common""membox"文件夹下的所有文件

添加目录"kernel\extended\tickless"下的所有文件，如图 2-59 所示。

图 2-59　添加目录"kernel\extended\tickless"下的所有文件

添加完成后的效果如图 2-60 所示。

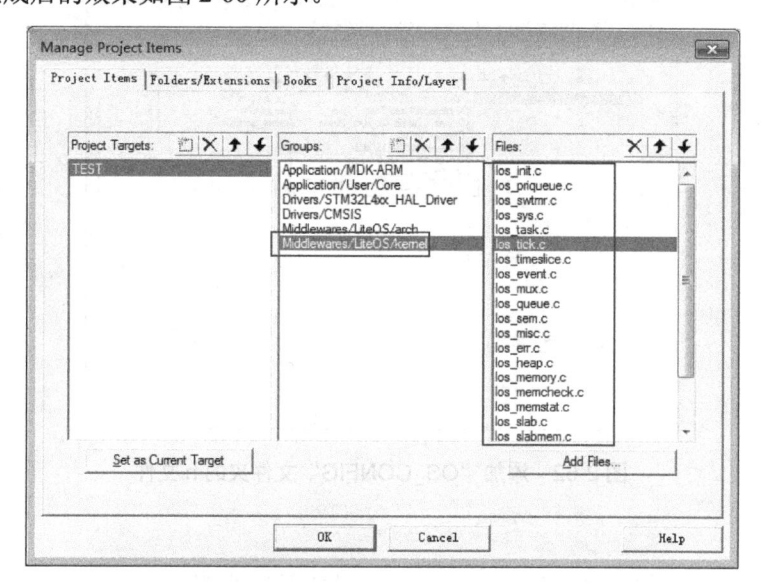

图 2-60　添加完成后的效果

创建"Middlewares/LiteOS/cmsis"文件夹。添加目录"Middleware\LiteOS\osdepends\liteos\cmsis"下的 cmsis_liteos.c 文件，如图 2-61 所示。

添加"OS_CONFIG"头文件。创建"OS_CONFIG"文件夹，添加工程目录下"OS_CONFIG"文件夹的.h 文件，添加后的结果如图 2-62 所示。

4．头文件设置

单击工程界面"Options for Target"按钮，在弹出的对话框中单击"C/C++"选项卡，再在"Include Paths"文本框中添加头文件路径，如图 2-63 所示。

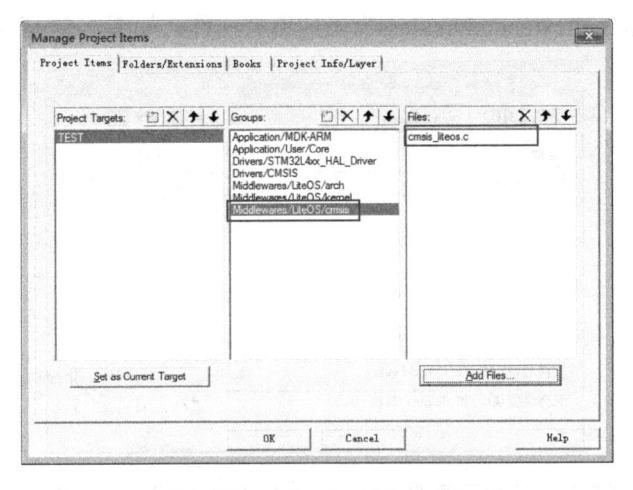

图 2-61 添加"cmsis_liteos.c"文件

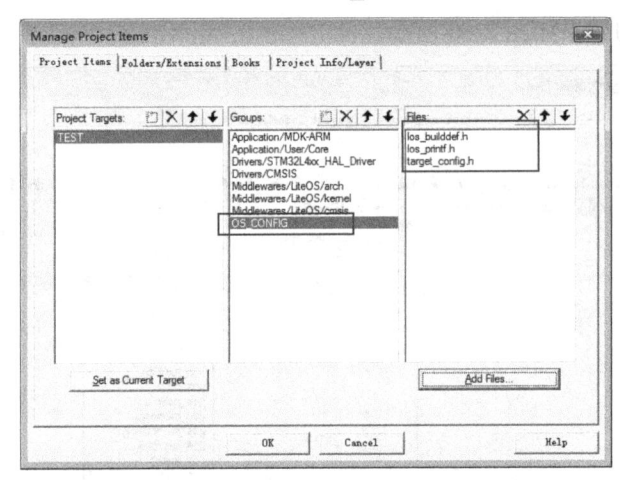

图 2-62 添加"OS_CONFIG"文件夹的.h文件

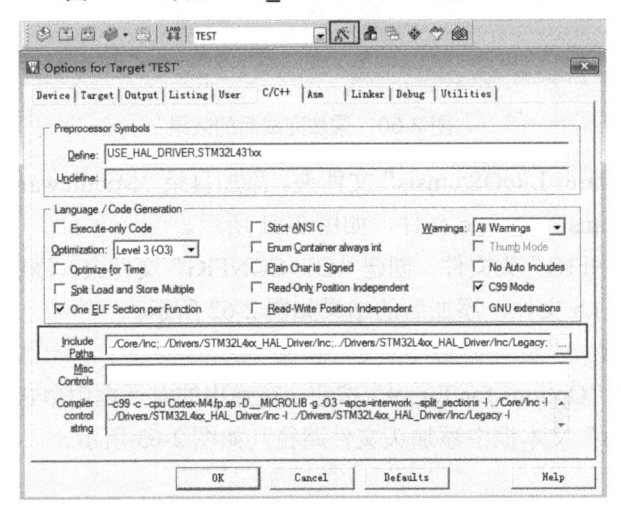

图 2-63 添加头文件路径

添加的头文件路径如图 2-64 所示。

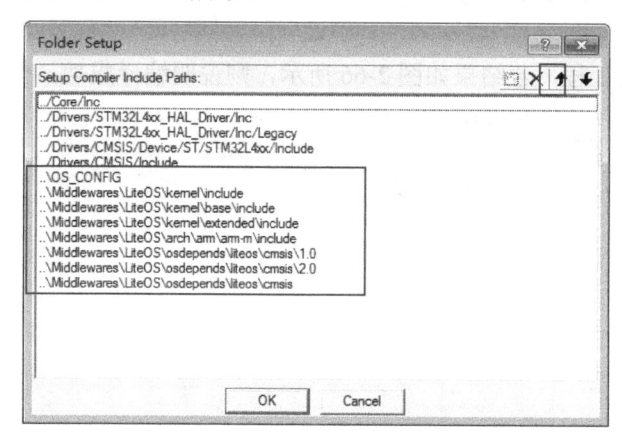

图 2-64　添加的头文件路径

5. 修改"target_config.h"文件

修改"OS_CONFIG"目录下的"target_config.h"文件，该文件主要用于配置 MCU 驱动头文件、RAM 大小、内核功能等，需要根据自己的环境进行修改。

（1）根据使用的 MCU 芯片的型号修改对应的头文件。

将#include "stm32f1xx.h"改为#include "stm32l4xx.h"。

（2）根据使用的 MCU 芯片的最大时钟频率修改 OS_SYS_CLOCK。

将#define OS_SYS_CLOCK (SystemCoreClock)改为#define OS_SYS_CLOCK　(80000000)。

（3）根据使用的 MCU 芯片 SRAM 大小修改 BOARD_SRAM_SIZE_KB。

将#define BOARD_SRAM_SIZE_KB　40 改为#define BOARD_SRAM_SIZE_KB　64。

6. 移除 Systick 和 Pendsv 中断

打开"stm32l4xx_it.c"文件，找到 SysTick_Handler 和 PendSV_Handler 两个函数，将这两个中断处理函数屏蔽掉，如图 2-65 所示。否则会出现编译错误。

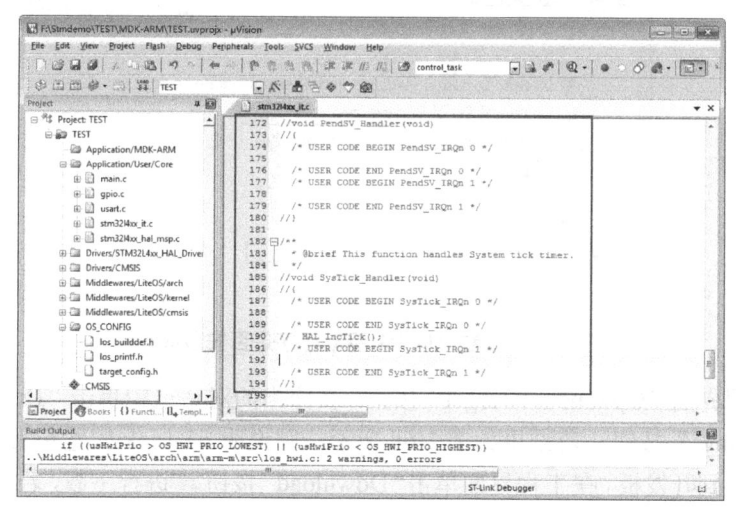

图 2-65　屏蔽 SysTick_Handler 和 PendSV_Handler 两个函数

说明：LiteOS 内核使用了 Systick 和 Pendsv 这两个中断，并在内核代码中有对应实现。

7. 编译工程

编译移植后的工程，若结果如图 2-66 所示，则说明编译成功。

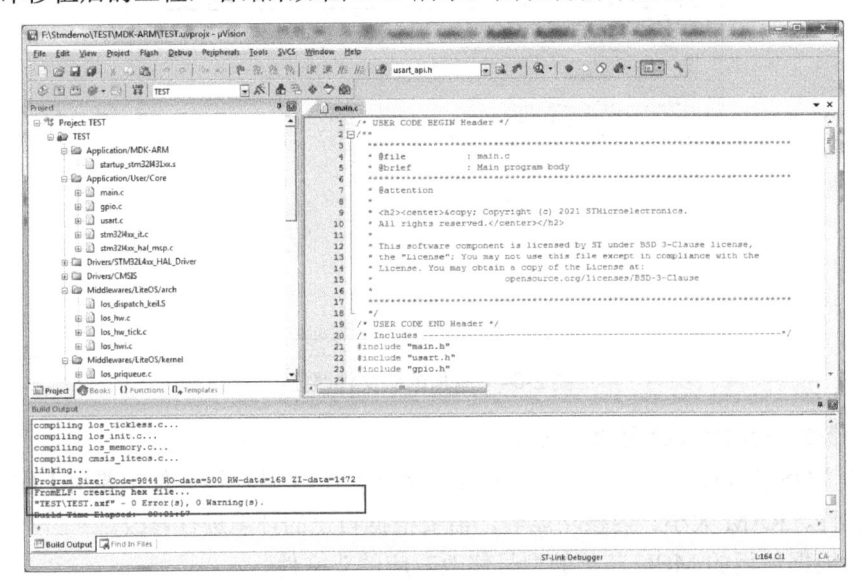

图 2-66 编译成功

8. 程序下载

使用 ST-Link V2 连接开发板主板与计算机，安装 ST-Link 驱动程序，安装完成后可在设备管理器中看到串口已经接入，如图 2-67 所示。

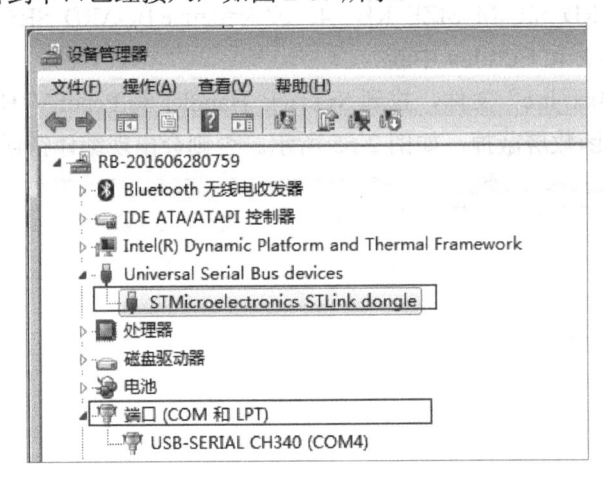

图 2-67 查看 ST-Link 驱动程序是否安装成功

单击工程界面"Options for Target"按钮，在弹出的对话框中单击"Debug"选项卡，再单击"Settings"按钮，若结果如图 2-68 所示，则说明 ST-Link 配置正常。

下载程序到开发板。在工程界面单击"Download"按钮 进行下载，若结果如图 2-69 所示，则说明下载成功。

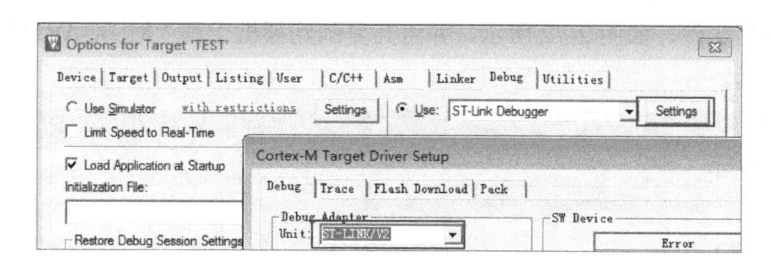

图 2-68 查看 ST-Link 配置是否正常

图 2-69 下载程序到开发板

按开发板上的 RST 复位键，重启开发板，若看到 4 个 LED 亮，则说明开发板正常运行，LiteOS 移植成功。

说明：因为目前还没有在 main 函数中创建任务，假如用串口调试的话，会没有任何输出，若想要看到输出信息，则需要在 main 函数中创建任务，关于如何创建任务，将在后面进行讲解。

另外，接管中断方式的移植需要修改 stm32 启动文件，移植比较复杂。将前面以非接管中断方式移植后的 TEST 工程复制一份，按下面步骤操作，即可完成接管方式的移植。

（1）复制"OS_CONFIG"文件夹。

在源码文件夹路径"targets\Cloud_STM32F429IGTx_FIRE"下复制"OS_CONFIG"文件夹，如图 2-70 所示，在该文件夹下的"target_config.h"文件中，LOSCFG_PLATFORM_HWI 宏定义为 YES，即接管中断方式。

图 2-70 复制"OS_CONFIG"文件夹

替换原工程中的"OS_CONFIG"文件夹，如图 2-71 所示。

（2）获取"los_startup_keil.s"文件。

在源码文件夹目录"targets\Cloud_STM32F429IGTx_FIRE\MDK-ARM"下复制"los_

35

startup_keil.s"文件，如图 2-72 所示，并将其复制到裸机工程"MDK-ARM"文件夹下，如图 2-73 所示。

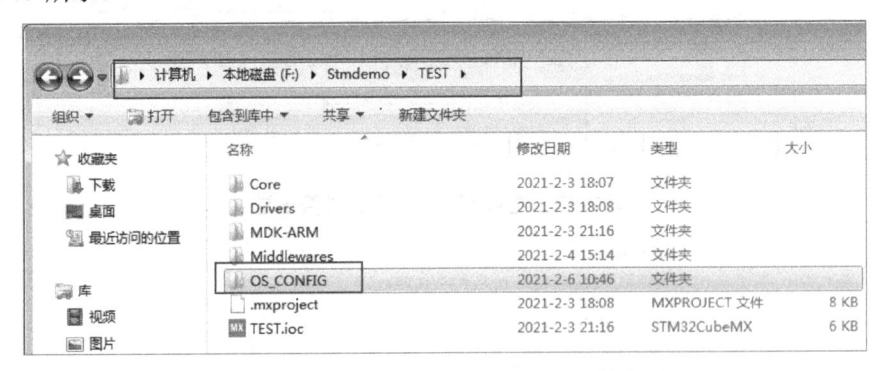

图 2-71 替换原工程中的"OS_CONFIG"文件夹

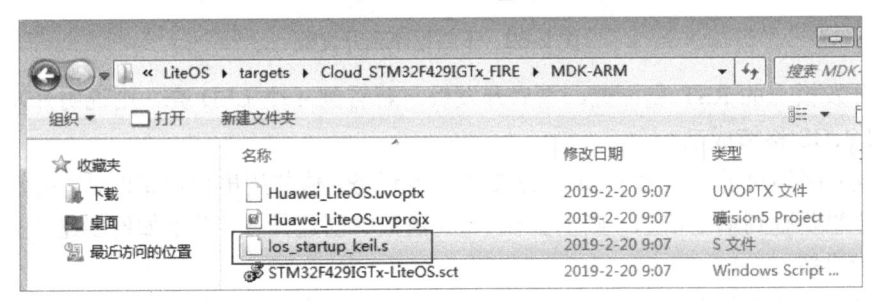

图 2-72 复制"los_startup_keil.s"文件

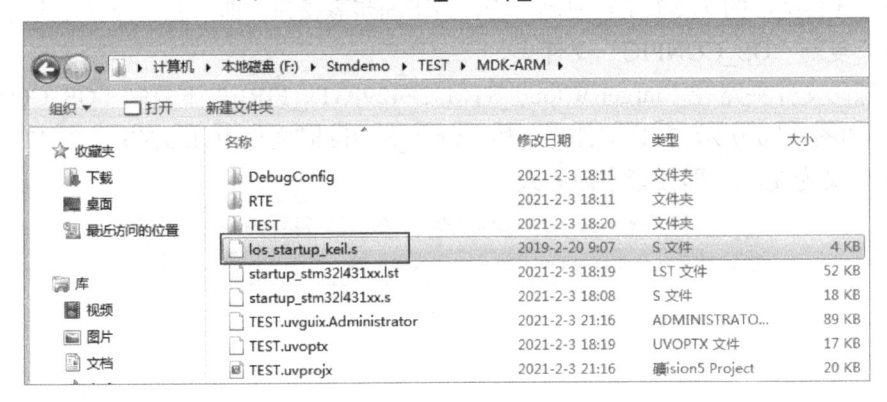

图 2-73 复制到"MDK-ARM"文件夹下

用 Keil 软件打开 TEST 工程项目，打开"Manage Project Items"对话框，单击"ADD Files"按钮添加"los_startup_keil.s"文件，如图 2-74 所示。

（3）移植启动文件。

将实验提供的"STM32L431VCTx-LiteOS.sct"文件（也可自己修改源码目录"LiteOS\targets\Cloud_STM32F429IGTx_FIRE\MDK-ARM"下的"STM32F429IGTx-LiteOS.sct"文件）复制到裸机工程"MDK-ARM"文件夹下。

删除"startup_stm321431xx.s"文件，如图 2-75 所示。

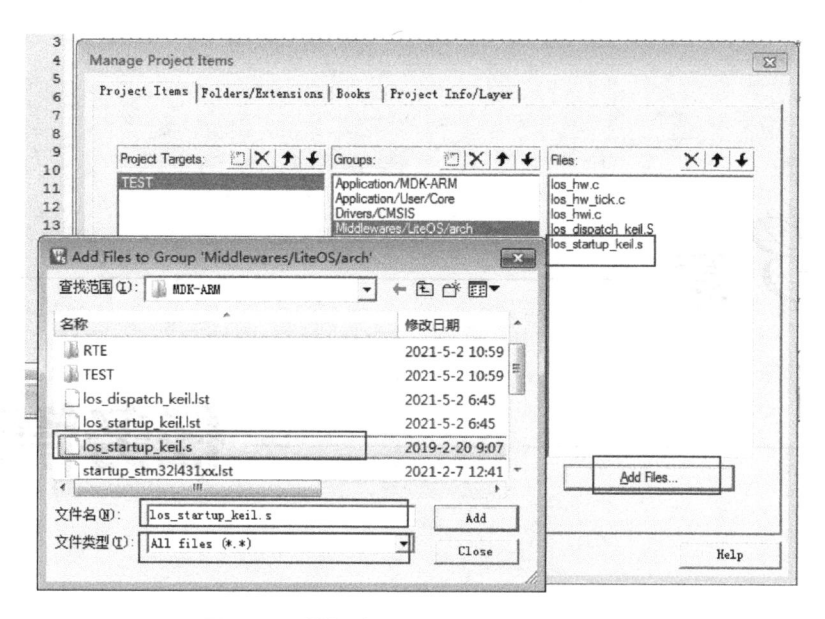

图 2-74 添加"los_startup_keil.s"文件

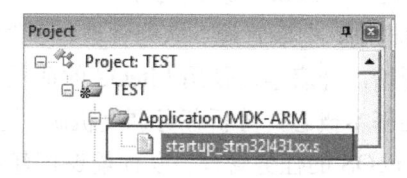

图 2-75 删除"startup_stm321431xx.s"文件

取消默认的启动文件，取消勾选"Use Memory Layout from Target Dialog"复选框，分散加载文件，如图 2-76 所示。

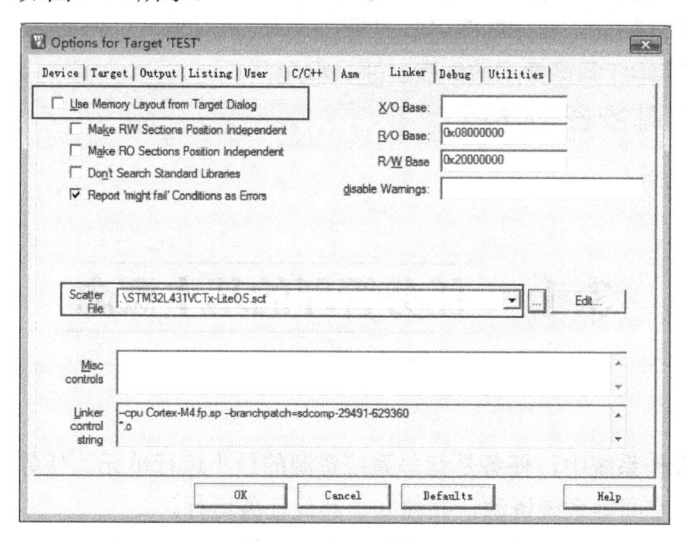

图 2-76 取消勾选"Use Memory Layout from Target Dialog"复选框

（4）编译工程，并下载到开发板。

第 3 章 任务管理

前面已经完成了 LiteOS 到 STM32 开发板的移植，LiteOS 基础内核支持任务管理、内存管理、时间管理、通信机制、中断管理、队列管理、事件管理、定时器等基础组件，下面从最简单的创建任务开始，开启学习使用 LiteOS 的征程。

本章先介绍任务管理的基本概念，分析任务调度机制，学习任务管理的常用函数的功能及使用，让读者掌握 LiteOS 的任务管理，从而能够创建单任务程序及多任务程序。

学习目标

- 能够描述任务的基本概念及任务调度的具体过程；
- 能够描述 LiteOS 创建任务的过程；
- 能够使用任务管理函数创建单任务程序；
- 能够创建多任务程序。

3.1 任务管理的基本概念

3.1.1 任务

在物联网操作系统中，任务是竞争系统资源的最小运行单元。任务可以使用或等待 CPU、使用内存空间等系统资源，并独立于其他任务运行。

LiteOS 是一个支持多任务的操作系统，多个任务在单个 CPU 上并发执行，每个任务都在独立的环境中运行，在任何时刻，有且只有一个任务处于运行态，从宏观上可以看作单个 CPU 同时执行多个任务，从微观上看则是 CPU 通过快速的任务切换来实现并发。

3.1.2 任务控制块

任务可以视作一组信息组成的实体。任务的信息存放在一个名为任务控制块（Task Control Block，TCB）的数据结构表中。每个任务都含有一个 TCB，TCB 包含任务栈指针、任务状态、任务优先级、任务 ID、任务名、任务入口函数等信息，这些信息可以反映任务的运行情况。当任务被中断并在后来恢复执行时，可以通过 TCB 找到任务之前的全部运行状态，并依此恢复任务，就像任务从来没有被打断过一样。

TCB 的信息在任务创建时设置并初始化，随后在操作系统内核调度和任务执行过程中实时记录任务的相关信息。TCB 信息定义在 LiteOS 源码目录下的"\kernel\base\include\los_tack.ph"文件中，内容如下：

```
typedef struct tagTaskCB
{
    VOID         *pStackPointer;    /**< 任务栈指针        */
    UINT16       usTaskStatus;      /**< 任务状态          */
    UINT16       usPriority;        /**< 任务优先级        */
    UINT32       uwStackSize;       /**< 任务栈大小        */
    UINT32       uwTopOfStack;      /**< 任务栈顶          */
    UINT32       uwTaskID;          /**< 任务 ID           */
    TSK_ENTRY_FUNC  pfnTaskEntry;   /**< 任务入口函数      */
    VOID         *pTaskSem;         /**< 任务阻塞在哪个信号量 */
    VOID         *pTaskMux;         /**< 任务阻塞在哪个互斥锁 */
    UINT32       uwArg;             /**< 参数              */
    CHAR         *pcTaskName;       /**< 任务名            */
    LOS_DL_LIST  stPendList;        /**< 挂起列表          */
    LOS_DL_LIST  stTimerList;       /**< 时间相关列表      */
    UINT32       uwIdxRollNum;
    EVENT_CB_S   uwEvent;           /**< 事件              */
    UINT32       uwEventMask;       /**< 事件掩码          */
    UINT32       uwEventMode;       /**< 事件模式          */
    VOID         *puwMsg;           /**< 内存分配给队列    */
#if (LOSCFG_LIB_LIBC_NEWLIB_REENT == YES)
    struct _reent stNewLibReent;
#endif
} LOS_TASK_CB;
```

3.1.3 任务栈

每个任务都拥有一个独立的栈空间，称为任务栈。任务栈占用的是 MCU 内部的 SRAM（静态随机存取存储器，内存），栈空间里保存的信息包含局部变量、寄存器、函数参数、函数返回地址等。创建的任务越多，需要使用的栈空间就越大，即需要使用的 SRAM 也就越多，一个 MCU 能够支持创建多少个任务，取决于它的 SRAM 空间有多大。

当任务切换或响应中断时，会将切出或挂起的任务的上下文信息保存在任务自身的任务栈中，在任务恢复运行时再还原现场，以保证任务恢复后数据不会丢失。

在 LiteOS 中，允许用户指定任务栈大小，任务栈大小按 8 字节对齐。若指定的任务栈大小为 0，则使用默认的任务栈大小。

3.1.4 任务状态

任务状态用于描述任务表现出的行为。LiteOS 中的任务有多种运行状态。系统初始化完成后，创建的任务就可以在系统中竞争一定的资源，由内核进行调度。

任务状态通常分为以下 4 种。

（1）就绪态（Ready）：该任务在就绪队列中，只等待 CPU。

（2）运行态（Running）：该任务正在执行。

（3）阻塞态（Blocked）：该任务不在就绪队列中。阻塞态包含任务被挂起（Suspend 状态）、任务被延时（Delay 状态）、任务正在等待信号量、读/写队列或等待事件等。

（4）退出态（Dead）：该任务运行结束，等待系统回收资源。

LiteOS 中的每个任务都有多种运行状态，这些状态是怎么迁移的呢？图 3-1 展示了任务在 4 种状态间的迁移。

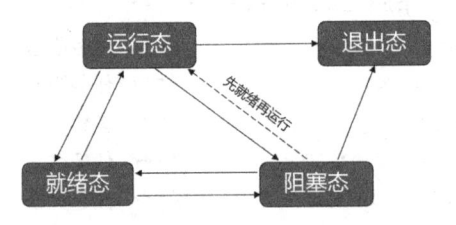

图 3-1　任务在 4 种状态间的迁移

任务状态迁移说明如下。

（1）就绪态→运行态。

任务创建后进入就绪态，发生任务切换时，就绪队列中最高优先级的任务被执行，从而进入运行态，但此刻该任务依旧在就绪队列中。

（2）运行态→阻塞态。

正在运行的任务发生阻塞（挂起、延时、读信号量等）时，该任务会从就绪队列中删除，任务状态由运行态变为阻塞态，然后发生任务切换，运行就绪队列中最高优先级的任务。

（3）阻塞态→就绪态（阻塞态→运行态）。

阻塞的任务被恢复（任务恢复、延时时间超时、读信号量超时或读到信号量等）后，此时被恢复的任务会被加入就绪队列，从而任务状态由阻塞态变为就绪态；此时若被恢复的任务的优先级高于正在运行的任务的优先级，则会发生任务切换，任务状态由就绪态变为运行态。

（4）就绪态→阻塞态。

任务也有可能在就绪态时被阻塞（挂起），此时任务状态由就绪态变为阻塞态，该任务从就绪队列中删除，不会参与任务调度，直到该任务被恢复。

（5）运行态→就绪态。

有更高优先级任务创建或者恢复后，会发生任务调度，此刻就绪队列中最高优先级的任务的状态变为运行态，那么原先运行的任务的状态由运行态变为就绪态，依然在就绪队列中。

（6）运行态→退出态。

运行中的任务运行结束，任务状态由运行态变为退出态。退出态包含任务运行结束的正常退出状态及 Invalid 状态。例如，任务运行结束但是没有自删除，对外呈现的就是 Invalid 状态。

（7）阻塞态→退出态。

阻塞的任务调用删除接口，任务状态由阻塞态变为退出态。

3.1.5 任务优先级

任务优先级表示任务执行的优先顺序。任务优先级决定了在发生任务切换时即将要执行的任务，就绪队列中最高优先级的任务将得到执行权。

高优先级任务可以打断低优先级任务，低优先级任务必须在高优先级任务阻塞或结束后才能得到调度。

以 LiteOS 为例，任务一共有 32 个优先级（0~31），最高优先级为 0，最低优先级为 31。任务优先级在任务创建时给定，也可以在执行过程中进行动态调整。

任务优先级可以使用 LiteOS 的 API 进行动态的设定和查询。

3.1.6 任务 ID

在 LiteOS 中，任务 ID（也可以理解为任务句柄）是非常重要的，因为它是任务的唯一标识，任务 ID 本质是一个从 0 开始的整数，是任务身份的标志（也可以简单理解为任务的索引号）。在任务创建之前，用户需要定义一个任务 ID 变量，用来存储任务创建成功后返回的任务 ID。用户可以通过任务 ID 对任务进行挂起、恢复、查询信息等操作。任务 ID 定义的代码如下：

```
1 /* 定义任务 ID 变量 Test1_Task_Handle */
2 UINT32 Test1_Task_Handle;
```

3.1.7 任务上下文

任务在运行过程中使用的一些资源，如寄存器等，称为任务上下文。当一个任务挂起时，其他任务继续执行，可能会修改寄存器等资源中的值。如果任务切换时没有保存任务上下文，可能会导致任务恢复后出现未知错误。

因此，LiteOS 在任务切换时会切出任务上下文信息，保存在自身的任务栈中，以便任务恢复后，从栈空间中恢复挂起时的任务上下文信息，从而继续执行挂起时被打断的代码。

3.1.8 任务调度机制

LiteOS 中提供的任务调度机制包括抢占式调度机制和时间片轮转调度机制。

抢占式调度机制：在系统中除中断处理函数、调度器上锁和处于临界段中的情况是不可以抢占的外，系统的其他部分都是可以抢占的。当有比当前任务优先级更高的任务就绪时，当前任务将立刻被切出，高优先级任务抢占处理器运行。

时间片轮转调度机制：是一种经典、简单、公平，且广泛使用的调度机制。相同优先级的任务采用时间片轮转方式进行调度。每个任务被分配一个时间段，称为时间片，即该任务允许运行的时间。若在时间片结束时任务还在运行，则 CPU 将被剥夺并分配给另一个任务；若任务在时间片结束前阻塞或结束，则 CPU 立即进行切换。

3.2 任务管理的常用函数

LiteOS 任务管理模块提供任务创建、任务删除、任务延时、任务挂起和任务恢复等功能。用户创建任务时，系统会将任务栈进行初始化，预置上下文，并将"任务入口函数"地址放在相应位置，这样在任务第一次启动进入运行态时，将会执行"任务入口函数"。

任务管理的常用函数及功能如表 3-1 所示。

表 3-1 任务管理的常用函数及功能

功能分类	函数名	功能
创建和删除任务	LOS_TaskCreate	创建任务，并使该任务进入就绪态，若就绪队列中没有更高优先级的任务，则运行该任务
	LOS_TaskDelete	删除指定的任务
控制任务状态	LOS_TaskResume	恢复指定任务 ID 的任务，使该任务进入就绪态
	LOS_TaskSuspend	挂起指定任务 ID 的任务，然后切换任务
	LOS_TaskDelay	任务延时等待，释放 CPU，等待时间（时间单位是 Tick）到后该任务会重新进入就绪态
控制任务优先级	LOS_CurTaskPriSet	设置当前任务的优先级
	LOS_TaskPriSet	设置指定任务 ID 的任务的优先级
	LOS_TaskPriGet	获取指定任务 ID 的任务的优先级

3.2.1 任务创建函数 LOS_TaskCreate()

LOS_TaskCreate()函数是创建每个独立任务时必须使用的，LOS_TaskCreate()函数语法要点如表 3-2 所示。在使用 LOS_TaskCreate()函数时，需要提前定义任务 ID 变量，并且要自定义实现任务创建的 pstInitParam，若任务创建成功，则返回 LOS_OK，否则返回对应的错误代码。

表 3-2　LOS_TaskCreate()函数语法要点

函数原型	LITE_OS_SEC_TEXT_INIT UINT32 LOS_TaskCreate(UINT32 *puwTaskID, TSK_INIT_PARAM_S *pstInitParam)
函数传入值	*puwTaskID：用于接收系统创建好的任务的 ID，后续用户通过该 ID 操作任务

	*pstInitParam：用户创建任务时需要指定的用户级参数。自定义任务配置的 TSK_INIT_PARAM_S 结构体在 los_task.h 中，代码如下：
	`typedef struct tagTskInitParam`
	`{`
	`    TSK_ENTRY_FUNC  pfnTaskEntry; /**< 任务入口函数    */`
	`    UINT16          usTaskPrio;   /**< 任务优先级      */`
	`    UINT32          uwArg;        /**< 任务参数        */`
	`    UINT32          uwStackSize;  /**< 任务栈大小      */`
	`    CHAR            *pcName;      /**< 任务名          */`
	`    UINT32          uwResved;     /**<设置 LOS_TASK_STATUS_DETACHED 的值，表示任务的工作函数退出后是否自行删除该任务，置 1 表示自行删除，置 0 表示不删除。默认为自行删除 */`
	`} TSK_INIT_PARAM_S;`
	用户可以根据自己的任务需要来配置，重要任务的优先级可以设置得高一点，任务栈可以设置得大一点，防止溢出导致系统崩溃，若指定的任务栈大小为 0，则系统使用配置项 LOSCFG_BASE_CORE_TSK_DEFAULT_STACK_SIZE 指定默认的任务栈大小，任务栈大小按 8 字节对齐

函数返回值	LOS_OK：成功创建任务 错误代码：出错

函数原型中的 LITE_OS_SEC_TEXT_INIT 的作用是将函数放入指定的段。

3.2.2　任务删除函数 LOS_TaskDelete()

LOS_TaskDelete()函数根据任务 ID 直接删除任务，任务控制块与任务栈将被系统回收，所有保存的信息都会被清空。LOS_TaskDelete()函数语法要点如表 3-3 所示。

表 3-3　LOS_TaskDelete()函数语法要点

函数原型	LITE_OS_SEC_TEXT_INIT UINT32 LOS_TaskDelete(UINT32 uwTaskID)
函数传入值	uwTaskID：要删除的任务的 ID
函数返回值	LOS_OK：成功删除任务 错误代码：出错

3.2.3　任务延时函数 LOS_TaskDelay()

为了避免高优先级任务始终抢占 CPU 而导致低优先级任务无法执行，可以在程序中增加任务延时函数，以确保低优先级任务能够被执行到。LiteOS 的任务延时函数为 LOS_TaskDelay()，使用该函数，任务将在指定数量的 Tick 内释放 CPU 资源，从而让低优先级任务能够运行。

LOS_TaskDelay()函数语法要点如表 3-4 所示。

表 3-4　LOS_TaskDelay()函数语法要点

函数原型	LITE_OS_SEC_TEXT UINT32 LOS_TaskDelay(UINT32 uwTick)
函数传入值	uwTick：延时的 Tick 数
函数返回值	LOS_OK：成功延时 错误代码：出错

注意：

（1）任务延时函数不允许在中断中使用。

（2）任务延时函数不允许在任务调度被锁定时使用。

（3）不允许在系统初始化之前使用任务延时函数。

（4）若传入的延时 Tick 数为 0 并且未锁定任务调度，则执行具有当前任务相同优先级的任务队列中的下一个任务，若没有与当前任务相同优先级的就绪任务可用，则不会发生任务调度，并继续执行当前任务。

（5）当传入的延时 Tick 数大于 0 时，需要将当前任务加入排序队列中，等待延时时间到后超时唤醒。启动一次任务切换，调度优先级队列中优先级最高的任务执行。

（6）任务延时函数有返回值，如果使用时发生错误，可以根据返回的错误代码进行调整。

（7）延时的时间不一定绝对准确，有可能会因为高优先级任务工作而使低优先级任务的延时比用户期望的延时长。

任务 3-1　创建单任务

任务描述

在 LiteOS 中创建任务 Test1_Task，程序运行后，每隔 1000Ticks，开发板串口输出一次信息，LED1 由亮变灭或由灭变亮翻转闪烁。

说明：Tick 是系统最小的时间单位，可以在系统配置文件中配置，假设每秒产生 1000 个 Tick 中断，那么 Tick 中断每 1ms 产生一次。

任务实现

1. 修改 main.c 文件，添加头文件

打开第 2 章中移植好 LiteOS 的工程 TEST（双击"TEST\MDK-ARM"目录下的"TEST.uvprojx"文件），修改 main.c 文件，添加头文件。

```
26 /* USER CODE BEGIN Includes */
27 /* LiteOS 头文件 */
28 #include "los_sys.h"
29 #include "los_task.ph"
30 /* USER CODE END Includes */
```

2. 定义任务 ID 变量

```
59 /* USER CODE BEGIN 0 */
60 /* 定义任务 ID 变量 */
61 UINT32 Test1_Task_Handle;
```

3. 创建和管理任务 Test1_Task

（1）定义任务实现函数 Test1_Task()。

```
62 /***************************************************************
63  * @ 函数名  : Test1_Task
64  * @ 功能说明：Test1_Task 任务实现
65  * @ 参数    : 无
66  * @ 返回值  : 无
67 ***************************************************************/
68 static void Test1_Task(void)
69 {
70   UINT32 uwRet = LOS_OK;
71   while(1)
72   {
73     HAL_GPIO_TogglePin(GPIOD,GPIO_PIN_5);
74      printf("任务1运行中,每1000Ticks 打印一次信息\r\n");
75     uwRet = LOS_TaskDelay(1000);
76   if(uwRet !=LOS_OK)
77     return;
78   }
79 }
```

（2）定义任务创建函数 Creat_Test1_Task()。

```
80 /***************************************************************
81  * @ 函数名  : Creat_Test1_Task
82  * @ 功能说明：创建 Test1_Task 任务
83  * @ 参数    : 无
84  * @ 返回值  : 无
85 ***************************************************************/
86 static UINT32 Creat_Test1_Task()
87 {
88   //定义一个返回类型变量，初始化为 LOS_OK
```

```
89  UINT32 uwRet = LOS_OK;
90  //定义一个用于创建任务的参数结构体
91  TSK_INIT_PARAM_S task_init_param;
92  task_init_param.usTaskPrio = 0;      /* 任务优先级,数值越小,优先级越高 */
93  task_init_param.pcName = "Test1_Task";/* 任务名 */
94  task_init_param.pfnTaskEntry = (TSK_ENTRY_FUNC)Test1_Task;/* 任务函数入口 */
95  task_init_param.uwStackSize = 0x1000;          /* 堆栈大小 */
96  uwRet = LOS_TaskCreate(&Test1_Task_Handle, &task_init_param);/* 创建任务 */
97  return uwRet;
98  }
```

(3) 定义任务管理函数 AppTaskCreate()。

```
99  /**************************************************************
100 * @ 函数名    : AppTaskCreate
101 * @ 功能说明  : 任务创建,为了方便管理,所有的任务创建函数都可以放在这个函数里面
102 * @ 参数      : 无
103 * @ 返回值    : 无
104 **************************************************************/
105 static UINT32 AppTaskCreate(void)
106 {
107 /* 定义一个返回类型变量,初始化为LOS_OK */
108 UINT32 uwRet = LOS_OK;
109 uwRet = Creat_Test1_Task();
110   if (uwRet != LOS_OK)
111   {
112      printf("Test1_Task任务创建失败!失败代码 0x%X\n",uwRet);
113      return uwRet;
114   }
115 return LOS_OK;
116 }
117 /* USER CODE END 0 */
```

4. 在主函数中添加代码

```
123 int main(void)
124 {
125   /* USER CODE BEGIN 1 */
126   UINT32 uwRet = LOS_OK;  //定义一个返回类型变量,初始化为LOS_OK
127   /* USER CODE END 1 */
128   /* MCU onfiguration----------------------------------------*/
129   /* Reset of all peripherals, Initializes the Flash interface and the Systick. */
130   HAL_Init();
131   /* Configure the system clock */
```

```
132  SystemClock_Config();
133  /* Initialize all configured peripherals */
134  MX_GPIO_Init();
135  MX_USART1_UART_Init();
136  MX_USART2_UART_Init();
137  MX_USART3_UART_Init();
138  /* USER CODE BEGIN 2 */
139  /* LiteOS 内核初始化 */
140  uwRet = LOS_KernelInit();
141    if (uwRet != LOS_OK)
142  {
143      printf("LiteOS 内核初始化失败！失败代码 0x%X\n",uwRet);
144      return LOS_NOK;
145  }
146  printf("任务 3-1   创建单任务！\n\n");
147  uwRet = AppTaskCreate();
148  if (uwRet != LOS_OK)
149  {
150      printf("AppTaskCreate 创建任务失败！失败代码 0x%X\n",uwRet);
151      return LOS_NOK;
152  }
153  /* 开启 LiteOS 任务调度 */
154  LOS_Start();
155  /* USER CODE END 2 */
156  /* Infinite loop */
157  while (1)
158  {
159  }
160 }
```

5. 添加串口发送函数

```
218/* USER CODE BEGIN 4 */
219int fputc(int ch, FILE *f)
220{
221  HAL_UART_Transmit(&huart3, (uint8_t *)&ch, 1, 0xFFFF);
222  return ch;
223}
224/* USER CODE END 4 */
```

6. 查看运行结果

编译并下载程序到开发板中。打开串口调试助手，选择相应串口，打开串口，按下开发板上的 RST（复位）键，运行结果如图 3-2 所示。

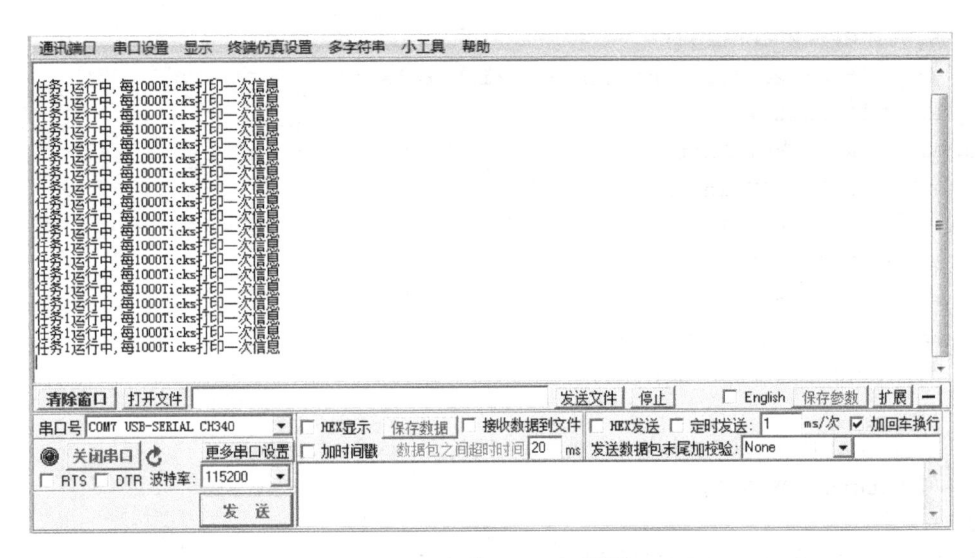

图 3-2　任务 3-1 运行结果

说明如下。

第 73 行：HAL_GPIO_TogglePin 为 HAL 函数库函数，其原型为：

```
void HAL_GPIO_TogglePin(GPIO_TypeDef* GPIOx, uint16_t GPIO_Pin);
```

这个函数用来翻转某个引脚的电平状态，用得最多的场合是 LED 的翻转，也就是 LED 闪烁。参数 GPIOx 中的 x 可以是 A~H，用于为 STM32L4 系列芯片选择 GPIO 外围设备；参数 GPIO_Pin 指定要翻转的引脚。程序中 GPIOD 表示 GPIO（LED）PD 系列引脚，GPIO_PIN_5 表示 PD5 引脚。参考第 2 章配置 LED 引脚。

第 130 行：HAL_Init()，主要完成重置所有外围设备，初始化闪存接口和 Systick。

第 132 行：SystemClock_Config()，配置系统时钟。

第 134 行：MX_GPIO_Init()，GPIO 接口初始化，包括 LED 引脚和 KEY 引脚的初始化。

第 135 行：MX_USART1_UART_Init()，串口 1 初始化。

第 140 行：uwRet = LOS_KernelInit()，LiteOS 内核初始化，初始化函数 LOS_KernelInit() 主要完成以下几件事。

① 系统内存的初始化，LiteOS 管理的内存只是一块内存区域，LiteOS 将它管理的内存初始化一遍，目的是在后续能正常管理内存。

② 若系统接管中断，则 LiteOS 会通过一个指针数组存储所有的中断入口函数，系统最大支持管理 OS_VECTOR_CNT 个中断。若系统不接管中断，则不会对中断入口函数进行处理，用户可以通过配置 LOSCFG_PLATFORM_HWI 宏定义来确定是否由系统接管中断。

③ 任务基本的底层初始化，如 LiteOS 采用一块内存来管理所有的任务控制块信息，系统最大支持 LOSCFG_BASE_CORE_TSK_LIMIT+1 个任务（包括空闲任务），该宏定义的值是由用户指定的，用户可以根据系统需求进行裁剪，以减少系统的内存开销。

④ 系统初始化用户使能的任务监视功能。

⑤ 若用户使能了消息队列、信号量、互斥锁等 IPC 通信机制，则在系统运行前也会将这些内核资源初始化，系统支持最大的消息队列、信号量、互斥锁个数由用户决定，当不需要那么多的时候可以进行裁剪，以减少系统的内存开销。

⑥ 若系统使用了软件定时器，则必须使用消息队列（软件定时器依赖消息队列进行管理），同时会初始化相关的功能，并创建一个软件定时器任务。

⑦ LiteOS 会创建一个空闲任务，空闲任务在系统中是必须存在的，因为处理器是一直在运行的，当整个系统都没有就绪任务时，系统必须保证有一个任务在运行。空闲任务的优先级最低，当用户创建的任务处于就绪态时，该任务可以抢占空闲任务的 CPU 使用权，从而执行用户创建的任务。

第 157 行：while (1)，无限循环，正常情况下程序不会执行到这里。

第 219 行：重定义 fputc()函数，这样在使用 printf 时就会调用自定义的 fputc()函数，通过串口来发送字符。

第 221 行：HAL_UART_Transmit 为 HAL 函数库函数，其原型为：

```
HAL_StatusTypeDef HAL_UART_Transmit(UART_HandleTypeDef *huart, uint8_t *pData, uint16_t Size, uint32_t Timeout)
```

参数 huart 为串口 UART 句柄；参数 pData 为指向数据缓冲区的指针；参数 Size 为要发送的数据元素的数量；参数 Timeout 为超时持续时间。程序中 huart3 为串口 3，用于输出调试信息。

任务 3-2　创建多任务

🎬 任务描述

在 LiteOS 中创建两个任务 Test1_Task 和 Test2_Task，程序运行后，Test1_Task 任务控制开发板上的 LED1 每隔 1000Ticks 翻转闪烁，并在串口输出相应运行信息；Test2_Task 任务控制 LED2 每隔 500Ticks 翻转闪烁，并在串口输出相应运行信息。

⏰ 任务实现

1. 定义任务 ID 变量

打开任务 3-1 工程 TEST，修改 main.c 文件，添加定义任务 ID 变量 Test2_Task_Handle。

```
59 /* USER CODE BEGIN 0 */
60 /* 定义任务ID变量 */
61 UINT32 Test1_Task_Handle;
62 UINT32 Test2_Task_Handle;
```

2. 创建和管理任务 Test2_Task

（1）在 Test1_Task()函数后添加 Test2_Task()函数。

```c
81 /***************************************************************
82  * @ 函数名    : Test2_Task
83  * @ 功能说明  : Test2_Task任务实现
84  * @ 参数      : 无
85  * @ 返回值    : 无
86  ***************************************************************/
87 static void Test2_Task(void)
88 {
89    /* 任务都是无限循环的，不能返回 */
90    while(1)
91    {
92       HAL_GPIO_TogglePin(GPIOD,GPIO_PIN_4);
93       printf("任务2运行中,每500ms打印一次信息\n");
94       LOS_TaskDelay(500);
95    }
96 }
```

（2）在 Creat_Test1_Task()函数后添加 Creat_Test2_Task()函数。

```c
116/***************************************************************
117 * @ 函数名    : Creat_Test2_Task
118 * @ 功能说明  : 创建Test2_Task任务
119 * @ 参数      : 无
120 * @ 返回值    : 无
121 ***************************************************************/
122static UINT32 Creat_Test2_Task()
123{
124   //定义一个返回类型变量，初始化为LOS_OK
125   UINT32 uwRet = LOS_OK;
126   TSK_INIT_PARAM_S task_init_param;
127   task_init_param.usTaskPrio = 4; /* 任务优先级，数值越小，优先级越高 */
128   task_init_param.pcName = "Test2_Task";   /* 任务名 */
129   task_init_param.pfnTaskEntry = (TSK_ENTRY_FUNC)Test2_Task;/* 任务函数入口 */
130   task_init_param.uwStackSize = 1024; /* 堆栈大小 */
131   uwRet = LOS_TaskCreate(&Test2_Task_Handle, &task_init_param);/* 创建任务 */
132   return uwRet;
133}
```

（3）在任务管理函数 AppTaskCreate()中添加 Creat_Test2_Task()函数调用。

```c
141static UINT32 AppTaskCreate(void)
142{
```

```
143 /* 定义一个返回类型变量,初始化为 LOS_OK */
144 UINT32 uwRet = LOS_OK;
145 uwRet = Creat_Test1_Task();
146 if (uwRet != LOS_OK)
147 {
148     printf("Test1_Task 任务创建失败!失败代码 0x%X\n",uwRet);
149     return uwRet;
150 }
151 uwRet = Creat_Test2_Task();
152 if (uwRet != LOS_OK)
153 {
154     printf("Test2_Task 任务创建失败!失败代码 0x%X\n",uwRet);
155     return uwRet;
156 }
157 return LOS_OK;
158}
159/* USER CODE END 0 */
```

3．在主函数中修改代码

```
188 printf("任务 3-2 创建多任务! \n\n");
```

4．查看运行结果

编译并下载程序到开发板中。按下开发板上的 RST（复位）键，运行结果如图 3-3 所示。

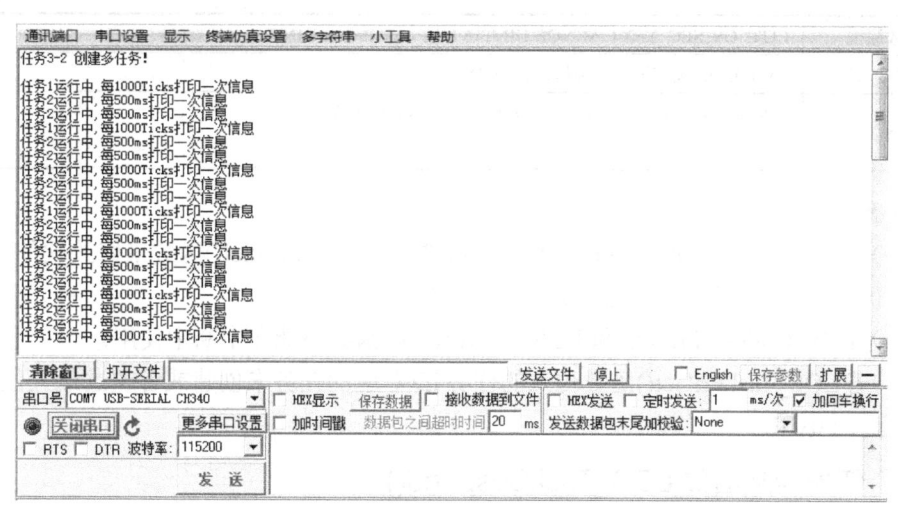

图 3-3　任务 3-2 运行结果

3.2.4　设置任务的优先级函数 LOS_TaskPriSet()

任务的优先级是可以动态调整的。在 LiteOS 中，可以使用 LOS_TaskPriSet()函数设置指定 ID 的任务的优先级，优先级调整会立即生效。

LOS_TaskPriSet()函数语法要点如表 3-5 所示。

表 3-5　LOS_TaskPriSet()函数语法要点

函数原型	LITE_OS_SEC_TEXT_MINOR UINT32 LOS_TaskPriSet(UINT32 uwTaskID, UINT16 usTaskPrio)
函数传入值	uwTaskID：要设置优先级的任务的 ID
	usTaskPrio：任务的优先级
函数返回值	LOS_OK：成功设置任务优先级
	错误代码：出错

3.2.5　设置当前任务的优先级函数 LOS_CurTaskPriSet()

使用 LOS_CurTaskPriSet()函数可以设置当前任务的优先级，其语法要点如表 3-6 所示。

表 3-6　LOS_CurTaskPriSet()函数语法要点

函数原型	LITE_OS_SEC_TEXT_MINOR UINT32 LOS_CurTaskPriSet(UINT16 usTaskPrio)
函数传入值	usTaskPrio：任务的优先级
函数返回值	LOS_OK：当前正在运行的任务的优先级已成功设置为指定的优先级
	错误代码：出错

3.2.6　获取任务的优先级函数 LOS_TaskPriGet()

使用 LOS_TaskPriGet()函数可以设置当前任务的优先级，其语法要点如表 3-7 所示。

表 3-7　LOS_TaskPriGet()函数语法要点

函数原型	LITE_OS_SEC_TEXT_MINOR UINT16 LOS_TaskPriGet(UINT32 uwTaskID)
函数传入值	uwTaskID：要获取优先级的任务的 ID
函数返回值	任务号为 uwTaskID 的任务的优先级：成功返回任务优先级
	错误代码：出错

注意：

（1）不建议使用 LOS_CurTaskPriSet()或者 LOS_TaskPriSet()函数来修改软件定时器任务的优先级，否则可能会导致系统出现问题。

（2）LOS_CurTaskPriSet()和 LOS_TaskPriSet()函数不能在中断中使用。

（3）若 LOS_TaskPriGet()函数传入的任务 ID 对应的任务未创建或者超过最大任务数，则统一返回 0xffff。

3.2.7　任务挂起函数 LOS_TaskSuspend()

如果长时间暂停运行某个任务，打算在需要的时候再恢复运行，此时，就可以使用 LOS_TaskSuspend()函数，即仅仅使任务进入阻塞态，其内部的资源都会保留在任务栈中，且不会参与任务的调度。

LOS_TaskSuspend()函数语法要点如表 3-8 所示。

表 3-8　LOS_TaskSuspend()函数语法要点

函数原型	LITE_OS_SEC_TEXT_INIT UINT32 LOS_TaskSuspend(UINT32 uwTaskID)
函数传入值	uwTaskID：要挂起的任务的 ID
函数返回值	LOS_OK：任务成功挂起 错误代码：出错

注意：挂起任务的时候，若任务为当前任务且已锁任务，则不能被挂起。

3.2.8　任务恢复函数 LOS_TaskResume()

当挂起的任务需要恢复时，可以调用 LOS_TaskResume()函数，任务即可从阻塞态进入就绪态，参与任务的调度，如果该任务的优先级是当前就绪任务中优先级最高的，那么系统就会立即进行一次任务切换，恢复的任务将按照挂起前的任务状态继续运行。

LOS_TaskResume()函数语法要点如表 3-9 所示。

表 3-9　LOS_TaskResume()函数语法要点

函数原型	LITE_OS_SEC_TEXT_INIT UINT32 LOS_TaskResume(UINT32 uwTaskID)
函数传入值	uwTaskID：要恢复的任务的 ID
函数返回值	LOS_OK：任务成功恢复 错误代码：出错

任务 3-3　　多任务管理

任务描述

在 LiteOS 中创建两个任务 LED_Task 和 Key_Task，LED_Task 是 LED 任务，Key_Task 是按键任务。LED 任务的功能是 LED1 每隔 1000Ticks 翻转闪烁，并在串口打印任务运行的状态；而按键任务的功能则是检测按键的按下情况，按下 KEY1 键将 LED 任务挂起，按下 KEY2 键将 LED 任务恢复。

任务实现

1. 定义任务 ID 变量

打开任务 3-2 工程 TEST，修改 main.c 文件，删除原来的任务 ID 变量，新定义两个任务 ID 变量 LED_Task_Handle 和 Key_Task_Handle。

```
59 /* USER CODE BEGIN 0 */
60 /* 定义任务ID变量 */
61 UINT32 LED_Task_Handle;
62 UINT32 Key_Task_Handle;
```

2. 创建和管理任务 LED_Task、Key_Task

（1）定义任务实现函数 LED_Task()和 Key_Task()（删除原来的 Test1_Task()函数和 Test2_Task()函数）。

```c
63 /***********************************************************
64  * @ 函数名   : LED_Task
65  * @ 功能说明: LED_Task 任务实现
66  * @ 参数     : 无
67  * @ 返回值   : 无
68  ***********************************************************/
69 static void LED_Task(void)
70 {
71     /* 任务都是无限循环的,不能返回 */
72     while(1)
73     {
74         HAL_GPIO_TogglePin(GPIOD,GPIO_PIN_5);    //LED1 翻转
75         printf("LED 任务正在运行! \n");
76         LOS_TaskDelay(1000);
77     }
78 }
79 /***********************************************************
80  * @ 函数名   : Key_Task
81  * @ 功能说明: Key_Task 任务实现
82  * @ 参数     : 无
83  * @ 返回值   : 无
84  ***********************************************************/
85 static void Key_Task(void)
86 {
87     UINT32 uwRet = LOS_OK;
88
89     /* 任务都是无限循环的,不能返回 */
90     while(1)
91     {
92         /* KEY1 键被按下 */
93         if( !HAL_GPIO_ReadPin(GPIOA,GPIO_PIN_4)) //读取 KEY1 键引脚,低电平表示按键被按下
94         {
95             printf("挂起 LED 任务! \n");
96             uwRet = LOS_TaskSuspend(LED_Task_Handle);/* 挂起 LED 任务 */
97             if(LOS_OK == uwRet)
98             {
99                 printf("挂起 LED 任务成功! \n");
```

```
100            LOS_TaskDelay(500);      //等待松手,延时防松手抖动
101         }
102     }
103     /* KEY2 键被按下 */
104     else if( !HAL_GPIO_ReadPin(GPIOA,GPIO_PIN_5))
105     {
106         printf("恢复LED任务! \n");
107         uwRet = LOS_TaskResume(LED_Task_Handle); /* 恢复LED任务 */
108         if(LOS_OK == uwRet)
109         {
110             printf("恢复LED任务成功! \n");
111             LOS_TaskDelay(500);      //等待松手,延时防松手抖动
112         }
113     }
114     LOS_TaskDelay(20);     /* 每20ms扫描一次 */
115 }
116 }
```

(2) 定义任务创建函数 Creat_LED_Task()和 Creat_Key_Task()(删除原来的 Creat_Test1_Task()函数和 Creat_Test2_Task()函数)。

```
117/***************************************************************
118 * @ 函数名   : Creat_LED_Task
119 * @ 功能说明 : 创建LED_Task任务
120 * @ 参数     : 无
121 * @ 返回值   : 无
122 ***************************************************************/
123static UINT32 Creat_LED_Task()
124{
125 //定义一个返回类型变量,初始化为LOS_OK
126 UINT32 uwRet = LOS_OK;
127 //定义一个用于创建任务的参数结构体
128 TSK_INIT_PARAM_S task_init_param;
129 task_init_param.usTaskPrio = 5;  /* 任务优先级,数值越小,优先级越高 */
130 task_init_param.pcName = "LED_Task";/* 任务名 */
131 task_init_param.pfnTaskEntry = (TSK_ENTRY_FUNC)LED_Task;/* 任务函数入口 */
132 task_init_param.uwStackSize = 1024;     /* 堆栈大小 */
133 uwRet = LOS_TaskCreate(&LED_Task_Handle, &task_init_param);/* 创建任务 */
134 return uwRet;
135}
136/***************************************************************
137 * @ 函数名   : Creat_Key_Task
138 * @ 功能说明 : 创建Key_Task任务
```

```
139  * @ 参数     : 无
140  * @ 返回值   : 无
141 ************************************************************/
142 static UINT32 Creat_Key_Task()
143 {
144 //定义一个返回类型变量,初始化为LOS_OK
145 UINT32 uwRet = LOS_OK;
146 TSK_INIT_PARAM_S task_init_param;
147 task_init_param.usTaskPrio = 4;  /* 任务优先级,数值越小,优先级越高 */
148 task_init_param.pcName = "Key_Task";      /* 任务名 */
149 task_init_param.pfnTaskEntry = (TSK_ENTRY_FUNC)Key_Task;/* 任务函数入口 */
150 task_init_param.uwStackSize = 1024;  /* 堆栈大小 */
151 uwRet = LOS_TaskCreate(&Key_Task_Handle, &task_init_param);/* 创建任务 */
152 return uwRet;
153 }
```

（3）修改任务管理函数 AppTaskCreate()。

```
154 /************************************************************
155  * @ 函数名   : AppTaskCreate
156  * @ 功能说明 : 任务创建,为了方便管理,所有的任务创建函数都可以放在这个函数里面
157  * @ 参数     : 无
158  * @ 返回值   : 无
159 ************************************************************/
160 static UINT32 AppTaskCreate(void)
161 {
162 /* 定义一个返回类型变量,初始化为LOS_OK */
163 UINT32 uwRet = LOS_OK;
164    uwRet = Creat_LED_Task();
165 if (uwRet != LOS_OK)
166 {
167    printf("LED_Task任务创建失败!失败代码0x%X\n",uwRet);
168    return uwRet;
169 }
170   uwRet = Creat_Key_Task();
171 if (uwRet != LOS_OK)
172 {
173    printf("Key_Task任务创建失败!失败代码0x%X\n",uwRet);
174    return uwRet;
175 }
176 return LOS_OK;
177 }
178 /* USER CODE END 0 */
```

3. 在主函数中修改代码

```
207 printf("任务 3-3 多任务管理！\n\n");
```

4. 查看运行结果

编译并下载程序到开发板中。按下开发板上的 RST（复位）键，在开发板上可以看到 LED1 在闪烁，按下 KEY1 键挂起任务，开发板上的灯不闪烁了，同时在串口输出相应信息，提示 LED 任务被挂起；按下 KEY2 键后又恢复任务，开发板上的灯恢复闪烁，同时在串口输出相应信息，提示 LED 任务被恢复，运行结果如图 3-4 所示。

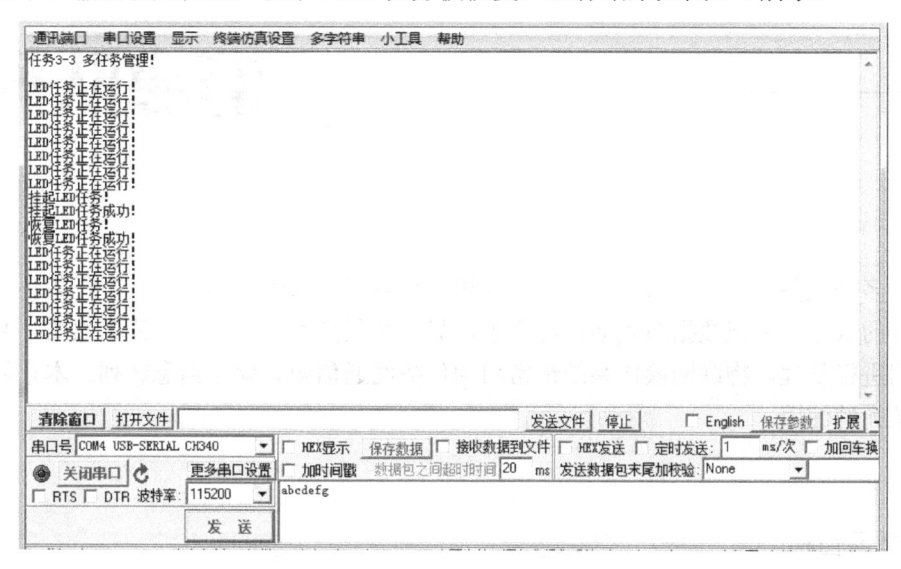

图 3-4　任务 3-3 运行结果

说明：

第 93 行：HAL_GPIO_ReadPin() 为 HAL 函数库函数，其原型为：

```
GPIO_PinState HAL_GPIO_ReadPin(GPIO_TypeDef* GPIOx, uint16_t GPIO_Pin);
```

这个函数用来读引脚的电平状态，函数返回值为 0 或 1。程序中 GPIOA 表示 GPIO（KEY）PA 系列引脚，GPIO_PIN_4 表示 PA4 引脚，对应开发板 KEY1 键，低电平表示该键按下。

第 4 章　消息队列

当多个任务进行数据共享时，就需要进行任务间的通信。例如，一个任务负责采集传感器的数据，并把数据写入通信媒介上，另一个任务可以从媒介中读出数据，并对这些数据进行处理。物联网操作系统最常用的任务间通信媒介就是消息队列。本章将学习消息队列的使用。

学习目标

- 能够描述 LiteOS 消息队列的基本概念；
- 能够说出 LiteOS 消息队列的运行机制；
- 能够使用 LiteOS 消息队列的函数进行任务间的通信。

4.1　消息队列的基本概念

消息队列又称队列，是一种常用于任务间通信的数据结构，用于接收来自任务或中断的不固定长度的消息，并根据 LiteOS 提供的不同函数接口选择将传递消息是否存放在自己的空间中。任务能够向消息队列中写入消息，也可以从消息队列中读取消息，当消息队列中的消息是空时，读取消息的任务会被挂起；当消息队列中有新消息时，挂起的读取任务被唤醒并处理新消息。

任务可以将一条或多条消息放入消息队列，当有多个消息写入消息队列中时，其他任务从消息队列中读取消息时遵循先进先出（First In First Out，FIFO）的原则，也就是说，读消息的任务先得到的是最先进入消息队列的消息。

用户在处理业务时,消息队列提供了异步处理机制,允许将一条消息放入消息队列,但并不立即处理它,起到缓冲消息的作用。

LiteOS 中使用消息队列数据结构实现任务异步通信工作,具有如下特性。

(1) 消息以先进先出方式排队,支持异步读/写工作方式。

(2) 读消息队列和写消息队列都支持超时机制。

(3) 发送消息类型由通信双方约定,可以允许不同长度(不超过消息节点最大值)的任意类型消息。

(4) 一个任务能够从任意一个消息队列接收和发送消息。

(5) 多个任务能够从同一个消息队列接收和发送消息。

4.2 消息队列控制块

消息队列通过一个消息队列控制块对消息队列状态和消息读/写进行控制,消息队列控制块信息定义在 LiteOS 源码目录下的 "\kernel\base\include\los_queue.ph" 文件中,内容如下:

```
typedef struct tagQueueCB
{
    UINT8   *pucQueue;          /**< 消息队列指针 */
    UINT16  usQueueState;       /**< 消息队列状态 */
    UINT16  usQueueLen;         /**< 消息队列中消息的数量 */
    UINT16  usQueueSize;        /**< 消息节点大小 */
    UINT16  usQueueID;          /**< 消息队列 ID */
    UINT16  usQueueHead;        /**< 消息头节点位置(数组下标) */
    UINT16  usQueueTail;        /**< 消息尾节点位置(数组下标) */
    UINT16  usReadWriteableCnt[2]; /**< 消息队列中可读或可写消息的数量,0:可读,1:可写 */
    LOS_DL_LIST stReadWriteList[2]; /**< 读取或写入消息任务等待链表,0:读取链表,1:写入链表 */
    LOS_DL_LIST stMemList;      /**< 指向内存链表的指针 */
} QUEUE_CB_S;
```

队列控制块中包含信息的说明如下。

(1) *pucQueue:消息队列指针,即消息队列的地址,用于存放消息的起始地址,指向消息节点区域,该区域是在创建消息队列时按照消息节点个数和节点大小从动态内存池中申请出来的一块空间。

(2) usQueueState:消息队列状态,表示该消息队列的使用情况,OS_QUEUE_UNUSED 表示消息队列没有被使用,OS_QUEUE_INUSED 表示消息队列被使用。

（3）usQueueLen：消息队列中消息的数量，即消息队列总长，表示该消息队列最多可存储多少条消息。

（4）usQueueSize：消息节点大小，即每个消息节点占用的内存大小。

（5）usQueueID：消息队列 ID，即消息队列标识号，用于区别其他消息队列。

（6）usQueueHead、usQueueTail：消息头、尾节点位置，用于标识读消息和写消息指针的位置。

（7）usReadWriteableCnt[2]：消息队列中已有的可读或可写消息的数量，下标为 OS_QUEUE_READ（0），表示可读消息的数量；下标为 OS_QUEUE_WRITE（1），表示可写消息的数量。

（8）stReadWriteList[2]：读取或写入消息任务等待链表，即等待读、写消息的任务链表，下标为 OS_QUEUE_READ（0），表示读阻塞队列；下标为 OS_QUEUE_WRITE（1），表示写阻塞队列。

4.3　消息队列的运行机制

创建消息队列时，根据用户传入的消息队列长度和消息节点大小来开辟相应的内存空间以供该消息队列使用，并初始化消息队列的相关信息，创建成功后返回消息队列 ID。

在消息队列控制块中维护一个消息头节点位置 usQueueHead 和一个消息尾节点位置 usQueueTail，用于记录当前消息队列中消息存储情况。usQueueHead 表示消息队列中被占用消息节点的起始位置。usQueueTail 表示消息队列中被占用消息节点的结束位置（或者理解为空闲消息节点的起始位置）。刚创建时，usQueueHead 和 usQueueTail 均设置成消息队列起始位置。

写消息队列前，根据 usReadWriteableCnt[1]判断消息队列是否可以写入，不能对已满的（usReadWriteableCnt[1]为 0）消息队列进行写消息队列操作。写消息队列时，根据 usQueueTail 找到被占用消息节点末尾的空闲节点作为消息写入区域。若 usQueueTail 所示的位置已经是消息队列队尾，则采用回卷方式（回到起点位置，可以将消息队列看作一个环形队列）进行操作。

读消息队列前，根据 usReadWriteableCnt[0]判断消息队列是否有消息读取，对全部空闲的（usReadWriteableCnt[0]为 0）消息队列进行读消息队列操作会引起任务挂起。读消息队列时，根据 usQueueHead 找到最先写入消息队列中的消息节点进行读取。若 usQueueHead 所示的位置是消息队列队尾，则采用回卷方式进行操作。

删除消息队列时，根据传入的消息队列 ID 寻找到对应的消息队列，把消息队列状态置为未使用，释放原消息队列所占的空间，对应的消息队列控制头置为初始状态。

LiteOS 的消息队列采用两个双向链表来维护，stReadWriteList[0]读消息链表指向消息队列的头部，stReadWriteList[1]写消息链表指向消息队列的尾部，通过访问这两个链表就能直接访问对应的消息空间（消息空间中的每个节点称为消息节点）。

消息队列读/写数据操作示意图如图 4-1 所示。

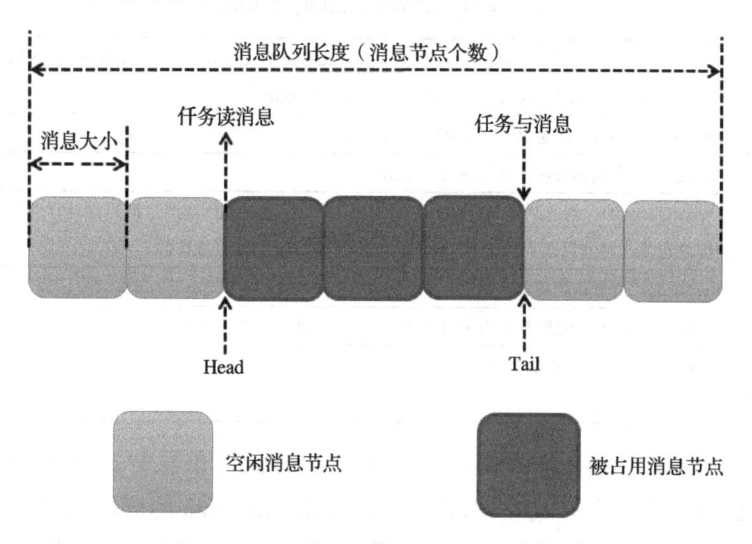

图 4-1 消息队列读/写数据操作示意图

4.4 消息队列的常用函数

LiteOS 中消息队列的常用函数及功能如表 4-1 所示。

表 4-1 LiteOS 中消息队列的常用函数及功能

功能分类	函数名	功能
创建/删除消息队列	LOS_QueueCreate	创建一个消息队列，由系统动态申请消息队列空间
	LOS_QueueDelete	根据消息队列 ID 删除一个指定消息队列
读/写消息队列（不带复制方式）	LOS_QueueRead	读取指定队列头节点中的数据（节点中的数据实际上是一个地址）
	LOS_QueueWrite	向指定队列尾节点中写入 bufferAddr 的值（buffer 的地址）
读/写消息队列（带复制方式）	LOS_QueueReadCopy	读取指定队列头节点中的数据
	LOS_QueueWriteCopy	向指定队列尾节点中写入 bufferAddr 中保存的数据
获取消息队列信息	LOS_QueueInfoGet	获取指定消息队列的信息，包括消息队列 ID、消息队列长度、消息节点大小、队列头节点、队列尾节点、可读节点数量、可写节点数量、等待读操作的任务、等待写操作的任务

4.4.1 消息队列创建函数 LOS_QueueCreate()

LOS_QueueCreate()函数用于创建一个消息队列，用户可以根据自己的需要指定消息队列长度、消息节点大小等信息，LOS_QueueCreate()函数语法要点如表 4-2 所示。

表 4-2　LOS_QueueCreate()函数语法要点

函数原型	LITE_OS_SEC_TEXT_INIT UINT32 LOS_QueueCreate(CHAR *pcQueueName,UINT16 usLen,UINT32 *puwQueueID, UINT32 uwFlags, UINT16 usMaxMsgSize)
函数传入值	*pcQueueName：消息队列的名称，保留，未使用 usLen：消息队列长度，其值为 1～0xffff *puwQueueID：消息队列 ID 变量的指针，该变量用于保存创建消息队列成功时返回的消息队列 ID，由用户定义，对消息队列的读/写操作都是通过消息队列 ID 来操作的 uwFlags：消息队列模式，FIFO 或者 PRIO usMaxMsgSize：消息节点大小（单位为字节），其值为 1～(0xffff-4)
函数返回值	LOS_OK：成功创建消息队列 错误代码：出错

LOS_QueueCreate()函数会根据传入的消息队列长度、消息节点大小来动态申请内存空间（因为 LiteOS 在实际申请空间时，会将 usMaxMsgSize 的值再加上 4，这多出来的 4 字节空间用于保存消息的实际长度），用于缓存用户写入消息队列的数据。

使用 LOS_QueueCreate()函数创建消息队列时，会对消息队列控制块中的元素进行初始化，创建成功的消息队列已经确定消息队列长度与消息节点大小，且无法再次更改，每个消息节点可以存放不大于消息大小 usQueueSize 的任意类型的消息，消息节点个数的总和就是消息队列长度，用户可以在消息队列创建时指定。

消息队列创建成功后，会将消息队列 ID 通过 puwQueueID 指针返回给用户，之后用户就可以使用这个消息队列 ID 对消息队列进行操作了。

4.4.2　消息队列删除函数 LOS_QueueDelete()

LOS_QueueDelete()函数可根据消息队列 ID 删除消息队列，删除之后，这个消息队列的所有信息都会被系统回收清空，而且不能再次使用这个消息队列。需要注意的是，消息队列在使用或者阻塞中是不能被删除的。

LOS_QueueDelete()函数语法要点如表 4-3 所示。

表 4-3　LOS_QueueDelete()函数语法要点

函数原型	LITE_OS_SEC_TEXT_INIT UINT32 LOS_QueueDelete(UINT32 uwQueueID)
函数传入值	uwQueueID：消息队列 ID
函数返回值	LOS_OK：成功删除消息队列 错误代码：出错

4.4.3　消息队列写数据函数

LiteOS 消息队列的传递方式有两种：一种是不带复制读/写方式，另一种是带复制读/写方式。带复制读/写方式就是将指定地址的消息数据全部存入消息队列中；不带复制读/写方式本质上是将消息的地址存入消息队列中。

1. 不带复制方式写入函数 LOS_QueueWrite()

任务或者中断服务程序都可以给消息队列写入消息,当写入消息时,若消息队列未满,则 LiteOS 会将消息写入消息队列队尾;若消息队列已满,则 LiteOS 会根据用户指定的阻塞超时时间进行阻塞,在这段时间内,如果消息队列还是满的,该任务将保持阻塞态以等待消息队列有空闲消息节点,假如此时系统中有任务从其等待的消息队列中读取了消息(消息队列状态变为未满),该任务将自动由阻塞态转为就绪态,执行写入操作。但是,当任务等待的时间超过了指定的阻塞时间,即使消息队列还是满的,任务也会自动从阻塞态变成就绪态,此时写入消息的任务或者中断程序会收到一个错误代码 LOS_ERRNO_QUEUE_ISFULL。

LOS_QueueWrite()函数语法要点如表 4-4 所示。

表 4-4 LOS_QueueWrite()函数语法要点

函数原型	LITE_OS_SEC_TEXT UINT32 LOS_QueueWrite(UINT32 uwQueueID, VOID *pBufferAddr, UINT32 uwBufferSize, UINT32 uwTimeOut)
函数传入值	uwQueueID:消息队列 ID
	*pBufferAddr:要写入的消息的起始地址
	uwBufferSize:写入消息的大小
	uwTimeOut:等待时间,其值范围为 0~LOS_WAIT_FOREVER,单位为 Tick,当 uwTimeOut 为 0 时,表示不等待;当 uwTimeout 为 LOS_WAIT_FOREVER 时,表示一直等待。在中断中使用该函数时,uwTimeOut 的值必须为 0
函数返回值	LOS_OK:写消息成功
	错误代码:出错

2. 带复制方式写入函数 LOS_QueueWriteCopy()

LOS_QueueWriteCopy()函数语法要点如表 4-5 所示。

表 4-5 LOS_QueueWriteCopy()函数语法要点

函数原型	LITE_OS_SEC_TEXT UINT32 LOS_QueueWriteCopy(UINT32 uwQueueID, VOID *pBufferAddr, UINT32 uwBufferSize, UINT32 uwTimeOut)
函数传入值	uwQueueID:消息队列 ID
	*pBufferAddr:要写入的消息的起始地址
	uwBufferSize:写入消息的大小
	uwTimeOut:等待时间,其值范围为 0~LOS_WAIT_FOREVER,单位为 Tick,当 uwTimeOut 为 0 时,表示不等待;当 uwTimeout 为 LOS_WAIT_FOREVER 时,表示一直等待
函数返回值	LOS_OK:写消息成功
	错误代码:出错

写入消息队列时需要注意以下事项。

(1)在写入消息队列前应先创建要写入的消息队列。

(2)写入由 uwBufferSize 指定大小的消息,该值不能大于消息节点大小。

(3)在中断上下文环境中,必须使用非阻塞模式写入,也就是等待时间为 0Tick。

（4）LOS_QueueWrite()函数写入消息节点中的是 pBufferAddr 指向的缓冲区的地址。

（5）LOS_QueueWriteCopy()函数写入消息节点中的是 pBufferAddr 指向的缓冲区中的数据。

4.4.4 消息队列读数据函数

1. 不带复制方式读取函数 LOS_QueueRead()

LOS_QueueRead()函数用于读取指定消息队列中的消息，并将获取的消息存储到 pBufferAddr 指定的地址，使用时用户需要指定读取消息的存储地址与大小。

LOS_QueueRead()函数语法要点如表 4-6 所示。

表 4-6 LOS_QueueRead()函数语法要点

函数原型	LITE_OS_SEC_TEXT UINT32 LOS_QueueRead(UINT32　uwQueueID, VOID *pBufferAddr, UINT32 uwBufferSize, UINT32 uwTimeOut)
函数传入值	uwQueueID：消息队列 ID
	*pBufferAddr：要读取的消息的起始地址
	uwBufferSize：读取消息缓冲区的大小，该值不能小于消息节点大小
	uwTimeOut：等待时间，其值范围为 0～LOS_WAIT_FOREVER，单位为 Tick，当 uwTimeOut 为 0 时，表示不等待；当 uwTimeOut 为 LOS_WAIT_FOREVER 时，表示一直等待
函数返回值	LOS_OK：读消息成功
	错误代码：出错

2. 带复制方式读取函数 LOS_QueueReadCopy()

LOS_QueueReadCopy()函数是带复制方式读取函数，其语法要点如表 4-7 所示。

表 4-7 LOS_QueueReadCopy()函数语法要点

函数原型	LITE_OS_SEC_TEXT UINT32 LOS_QueueReadCopy(UINT32 uwQueueID, VOID * pBufferAddr, UINT32 * puwBufferSize, UINT32　uwTimeOut)
函数传入值	uwQueueID：消息队列 ID
	*pBufferAddr：要读取的消息的起始地址
	*puwBufferSize：读取消息缓冲区的大小，该值不能小于消息节点大小
	uwTimeOut：等待时间，其值范围为 0～LOS_WAIT_FOREVER，单位为 Tick，当 uwTimeOut 为 0 时，表示不等待；当 uwTimeOut 为 LOS_WAIT_FOREVER 时，表示一直等待
函数返回值	LOS_OK：读消息成功
	错误代码：出错

读取消息时需要注意以下事项。

（1）使用消息队列读数据函数之前应先创建需要读取的消息队列，并根据消息队列 ID 读取消息。

（2）读取消息队列采用的是先进先出（FIFO）模式，即先读取存储在消息队列头部的消息。

（3）每读取一条消息，就会将该消息节点设置为空闲。

（4）用户必须在读取消息时指定读取消息缓冲区的大小，其值不能小于消息节点大小。不带复制的读/写方式，不会保存消息的长度，而 LOS_QueueReadCopy()函数会通过指针返回实际读取到的消息长度（需要传入指针变量 puwBufferSize）。

（5）不要在非阻塞模式下读取或写入消息队列，如中断，如果非要在中断中读取消息（一般中断是不读取消息的，但也有例外，比如在某个定时器中断中读取信息进行判断时），则应将消息队列设为非阻塞模式，也就是等待时间为 0Tick。

（6）LOS_QueueRead()函数通常与 LOS_QueueWrite()函数配合使用，用户必须定义一个存储地址的变量，如 r_queue，读取成功后，r_queue 变量中存放的是 LOS_QueueWrite()函数写入消息节点中的一个缓冲区的地址值。

（7）LOS_QueueReadCopy()函数通常与 LOS_QueueWriteCopy()函数配合使用，用户必须定义一个存储空间，如 r_queue，读取成功后，r_queue 变量中存放的是 LOS_QueueWriteCopy()函数写入消息节点中的具体数据而非地址值。

任务 4-1　消息队列使用（不带复制读/写方式）

任务描述

在 LiteOS 中创建两个任务，一个是写消息任务，另一个是读消息任务。两个任务独立运行。写消息任务检测按键的按下情况，按下 KEY1 键时向消息队列中写入一条消息，按下 KEY2 键时向消息队列中写入另一条消息；读消息任务一直等待消息的到来，当读取成功时，将读出的数据通过串口输出。

任务实现

1. 添加头文件

打开第 2 章中移植好 LiteOS 的工程 TEST，修改 main.c 文件，添加头文件。

```
26 /* USER CODE BEGIN Includes */
27  /* LiteOS 头文件 */
28 #include "los_sys.h"
29 #include "los_task.ph"
30 #include "los_queue.h"
31 /* USER CODE END Includes */
```

2. 定义任务 ID 变量、消息队列 ID 变量、消息队列长度、消息节点长度及全局变量

```
60 /* USER CODE BEGIN 0 */
61 /* 定义任务 ID 变量 */
62 UINT32 Receive_Task_Handle;
63 UINT32 Send_Task_Handle;
64  /* 定义消息队列 ID 变量 */
```

```c
65  UINT32 Test_Queue_Handle;
66  /* 定义消息队列长度 */
67  #define  TEST_QUEUE_LEN   10
68  #define  TEST_QUEUE_SIZE  10
69  /* 写消息队列需要用到的全局变量 */
70  UINT32 send_data1=1;
71  UINT32 send_data2=2;
```

3. 创建和管理读消息任务 Receive_Task 和写消息任务 Send_Task

（1）定义任务实现函数 Receive_Task()和 Send_Task()。

```c
72  /*****************************************************************
73   * @ 函数名    : Receive_Task
74   * @ 功能说明  : Receive_Task 任务实现
75   * @ 参数      : 无
76   * @ 返回值    : 无
77   *****************************************************************/
78  static void Receive_Task(void)
79  {
80      /* 定义一个返回类型变量，初始化为 LOS_OK */
81      UINT32 uwRet = LOS_OK;
82      UINT32 r_queue;
83      UINT32 buffsize=10;
84      /* 任务都是无限循环的，不能返回 */
85      while(1)
86      {
87          /* 消息队列读取（接收），等待时间为一直等待 */
88          uwRet = LOS_QueueRead(Test_Queue_Handle,/* 读取（接收）消息队列的ID（句柄）*/
89                      &r_queue,       /* 读取（接收）的数据的保存位置 */
90                      buffsize,       /* 读取（接收）的数据的长度 */
91                      LOS_WAIT_FOREVER);  /* 等待时间：一直等 */
92          LOS_TaskDelay(500);
93          if(LOS_OK == uwRet)
94          {
95              printf("本次从消息队列中读出的数据是:%d,读出的数据的长度是:%d\n",*(UINT32 *)r_queue,buffsize);
96          }
97          else
98          {
99              printf("数据接收出错,错误代码 0x%X\n",uwRet);
100         }
101         /* 每20ms 扫描一次 */
102         LOS_TaskDelay(20);
```

```
103 }
104 }
105 /*****************************************************
106  * @ 函数名  :  Send_Task
107  * @ 功能说明：Send_Task 任务实现
108  * @ 参数    ：  无
109  * @ 返回值  ：  无
110  *****************************************************/
111 static void Send_Task(void)
112 {
113     /* 定义一个返回类型变量，初始化为 LOS_OK */
114     UINT32 uwRet = LOS_OK;
115     /* 任务都是无限循环的，不能返回 */
116     while(1)
117     {
118         /* KEY1 键被按下 */
119         if( !HAL_GPIO_ReadPin(GPIOA,GPIO_PIN_4)) //读取 KEY 键引脚，低电平表示按下
120         {
121             /* 将数据写入（发送）到消息队列中，等待时间为 0Tick */
122             uwRet = LOS_QueueWrite( Test_Queue_Handle,   /* 写入（发送）队列的ID(句柄) */
123                         &(send_data1),          /* 写入（发送）的数据 */
124                         sizeof(send_data1),     /* 数据的长度 */
125                         0);                     /* 等待时间为 0Tick */
126             if(LOS_OK == uwRet)
127             {
128                 printf("本次写入消息队列的数据是:%d\n",send_data1);
129             }
130             else
131             {
132                 printf("数据不能发送到消息队列！错误代码 0x%X\n",uwRet);
133             }
134             LOS_TaskDelay(500);   //等待松手，延时防松手抖动
135         }
136         /* KEY2 键被按下 */
137         if( !HAL_GPIO_ReadPin(GPIOA,GPIO_PIN_5)) //读取 KEY 键引脚，低电平表示按下
138         {
139             /* 将数据写入（发送）到消息队列中，等待时间为 0 */
140             uwRet = LOS_QueueWrite( Test_Queue_Handle,   /* 写入（发送）消息队列的 ID(句柄) */
141                         &(send_data2),          /* 写入（发送）的数据 */
142                         sizeof(send_data2),     /* 数据的长度 */
143                         0);                     /* 等待时间为 0Tick */
```

```
144        if(LOS_OK == uwRet)
145     {
146        printf("本次写入消息队列的数据是:%d\n",send_data2);
147     }
148     else
149     {
150          printf("数据不能发送到消息队列！错误代码 0x%X\n",uwRet);
151     }
152        LOS_TaskDelay(500);      //等待松手，延时防松手抖动
153    }
154    /* 每20ms 扫描一次 */
155    LOS_TaskDelay(20);
156 }
157}
```

（2）定义任务创建函数 Creat_Receive_Task()和 Creat_Send_Task()。

```
158/*****************************************************************
159 * @ 函数名   :  Creat_Receive_Task
160 * @ 功能说明 ：创建 Receive_Task 任务
161 * @ 参数     :  无
162 * @ 返回值   :  无
163 *****************************************************************/
164static UINT32 Creat_Receive_Task()
165{
166 //定义一个返回类型变量，初始化为 LOS_OK
167 UINT32 uwRet = LOS_OK;
168 //定义一个用于创建任务的参数结构体
169 TSK_INIT_PARAM_S task_init_param;
170 task_init_param.usTaskPrio = 5;   /* 任务优先级，数值越小，优先级越高 */
171 task_init_param.pcName = "Receive_Task";/* 任务名 */
172 task_init_param.pfnTaskEntry = (TSK_ENTRY_FUNC)Receive_Task;/* 任务函数入口 */
173 task_init_param.uwStackSize = 1024;       /* 堆栈大小 */
174 uwRet = LOS_TaskCreate(&Receive_Task_Handle, &task_init_param);/* 创建任务 */
175 return uwRet;
176}
177/*****************************************************************
178 * @ 函数名   :  Creat_Send_Task
179 * @ 功能说明 ：创建 Send_Task 任务
180 * @ 参数     :  无
181 * @ 返回值   :  无
182 *****************************************************************/
```

```
183 static UINT32 Creat_Send_Task()
184 {
185     // 定义一个返回类型变量，初始化为 LOS_OK
186     UINT32 uwRet = LOS_OK;
187     TSK_INIT_PARAM_S task_init_param;
188     task_init_param.usTaskPrio = 4;    /* 任务优先级，数值越小，优先级越高 */
189     task_init_param.pcName = "Send_Task";    /* 任务名 */
190     task_init_param.pfnTaskEntry = (TSK_ENTRY_FUNC)Send_Task;/* 任务函数入口 */
191     task_init_param.uwStackSize = 1024;    /* 堆栈大小 */
192     uwRet = LOS_TaskCreate(&Send_Task_Handle, &task_init_param);/* 创建任务 */
193     return uwRet;
194 }
```

(3) 定义任务管理函数 AppTaskCreate()。

```
195 /************************************************************
196  * @ 函数名   : AppTaskCreate
197  * @ 功能说明 : 任务创建，为了方便管理，所有的任务创建函数都可以放在这个函数里面
198  * @ 参数     : 无
199  * @ 返回值   : 无
200  ************************************************************/
201 static UINT32 AppTaskCreate(void)
202 {
203     /* 定义一个返回类型变量，初始化为 LOS_OK */
204     UINT32 uwRet = LOS_OK;
205     /* 创建一个测试队列 */
206     uwRet = LOS_QueueCreate("Test_Queue",      /* 队列的名称 */
207                             TEST_QUEUE_LEN,     /* 队列的长度 */
208                             &Test_Queue_Handle, /* 队列的ID(句柄) */
209                             0,                  /* 队列模式，官方暂时未使用 */
210                             TEST_QUEUE_SIZE);   /* 节点大小，单位为字节 */
211     if (uwRet != LOS_OK)
212     {
213         printf("Test_Queue 队列创建失败！失败代码 0x%X\n",uwRet);
214         return uwRet;
215     }
216     uwRet = Creat_Receive_Task();
217     if (uwRet != LOS_OK)
218     {
219         printf("Receive_Task 任务创建失败！失败代码 0x%X\n",uwRet);
220         return uwRet;
221     }
222     uwRet = Creat_Send_Task();
223     if (uwRet != LOS_OK)
```

```
224    {
225        printf("Send_Task 任务创建失败！失败代码 0x%X\n",uwRet);
226        return uwRet;
227    }
228    return LOS_OK;
229 }
230 /* USER CODE END 0 */
```

4. 在主函数中修改代码

```
236 int main(void)
237 {
238    /* USER CODE BEGIN 1 */
239    //定义一个返回类型变量，初始化为 LOS_OK
240    UINT32 uwRet = LOS_OK;
241    /* USER CODE END 1 */
242    /* MCU Configuration--------------------------------------*/
243    /* Reset of all peripherals, Initializes the Flash interface and the Systick. */
244    HAL_Init();
245    /* Configure the system clock */
246    SystemClock_Config();
247    /* Initialize all configured peripherals */
248    MX_GPIO_Init();
249    MX_USART1_UART_Init();
250    MX_USART2_UART_Init();
251    MX_USART3_UART_Init();
252    /* LiteOS 内核初始化 */
253    uwRet = LOS_KernelInit();
254    if (uwRet != LOS_OK)
255    {
256        printf("LiteOS 内核初始化失败！失败代码 0x%X\n",uwRet);
257        return LOS_NOK;
258    }
259    printf("任务 4-1 消息队列使用（不带复制读/写方式）！\n\n");
260    uwRet = AppTaskCreate();
261    if (uwRet != LOS_OK)
262    {
263        printf("AppTaskCreate 创建任务失败！失败代码 0x%X\n",uwRet);
264        return LOS_NOK;
265    }
266    /* 开启 LiteOS 任务调度 */
```

```
267    LOS_Start();
268    //正常情况下不会执行到这里
269    while(1);
270}
```

5. 添加串口发送函数

```
328/* USER CODE BEGIN 4 */
329int fputc(int ch, FILE *f)
330{
331    HAL_UART_Transmit(&huart3, (uint8_t *)&ch, 1, 0xFFFF);
332    return ch;
333}
334/* USER CODE END 4 */
```

6. 查看运行结果

编译并下载程序到开发板中。打开串口调试助手，按下开发板上的 RST（复位）键，复位开发板，按下开发板上的 KEY1 键，向队列中写入 send_data1 的地址，按下 KEY2 键，向消息队列中写入 send_data2 的地址，读消息任务读出数据，并通过串口输出相应的信息，运行结果如图 4-2 所示。

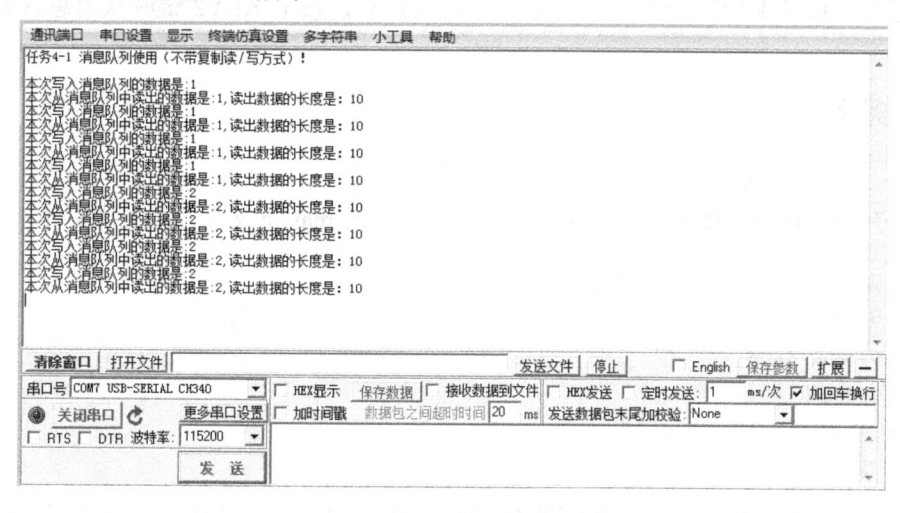

图 4-2 任务 4-1 运行结果

从运行结果可以看出，LOS_QueueRead()函数中参数 buffsize 不能记录 LOS_QueueWrite()函数写入消息节点的长度。

说明：

第 65 行：消息队列、信号量、事件标志组、软件定时器等都属于内核对象，要想使用这些内核对象，必须先创建，创建成功之后会返回一个相应的 ID，实际上就是一个指针，后续就可以通过这个 ID 操作这些内核对象。内核对象其实就是一种全局的数据结构，通过这些数据结构可以实现任务间的通信、任务间的事件同步等功能。这些功能的实现是通过调用这些内核对象的函数来完成的。

第 89 行：使用 LOS_QueueRead()函数时，r_queue 中存放的是 LOS_QueueWrite()函数写入的消息节点中的地址。

第 123 行：使用 LOS_QueueWrite()函数时，写入消息节点中的是 send_data1 的地址。

第 194 行：创建消息队列时，LOS_QueueCreate()函数将初始化消息队列控制块中的元素，将 usReadWriteableCnt[0] 初始化为 0，即可读的消息个数为 0；将 usReadWriteableCnt[1]初始化为 TEST_QUEUE_LEN，即可写的消息个数为 10，写入的消息个数超过 10，并且没有任务读取消息的话会提示错误信息"数据不能发送到消息队列！错误代码 0x2000616"。

任务 4-2　消息队列使用（带复制读/写方式）

任务描述

在 LiteOS 中创建两个任务，一个是写消息任务，另一个是读消息任务。两个任务独立运行，按下 KEY1 键时向消息队列中写入消息，按下 KEY2 键时从消息队列中读出消息。

任务实现

1. 添加头文件

打开第 2 章中移植好 LiteOS 的工程 TEST，修改 main.c 文件，添加头文件。

```
26 /* USER CODE BEGIN Includes */
27 /* LiteOS 头文件 */
28 #include "los_sys.h"
29 #include "los_task.ph"
30 #include "los_queue.h"
31 /* USER CODE END Includes */
```

2. 定义任务 ID 变量、消息队列 ID 变量、消息队列长度、消息节点长度及全局变量

```
60 /* USER CODE BEGIN 0 */
61 /* 定义任务 ID 变量 */
62 UINT32 Receive_Task_Handle;
63 UINT32 Send_Task_Handle;
64 /* 定义消息队列 ID 变量 */
65 UINT32 Test_Queue_Handle;
66 /* 定义消息队列长度 */
67 #define  TEST_QUEUE_LEN    10
68 #define  TEST_QUEUE_SIZE   10
```

```
69  /* 写消息队列需要用到的全局变量 */
70  UINT32 send_data,i=1;
```

3. 创建和管理读消息任务 Receive_Task 和写消息任务 Send_Task

（1）定义任务实现函数 Receive_Task()和 Send_Task()。

```
71  /*************************************************************
72   * @ 函数名   :  Receive_Task
73   * @ 功能说明: Receive_Task任务实现
74   * @ 参数     :  无
75   * @ 返回值   :  无
76   *************************************************************/
77  static void Receive_Task(void)
78  {
79  /* 定义一个返回类型变量，初始化为 LOS_OK */
80  UINT32 uwRet = LOS_OK;
81  UINT32 r_queue;
82  UINT32 buffsize;
83  /* 任务都是无限循环的，不能返回 */
84  while(1)
85  {
86      buffsize=10;
87      /* KEY2 键被按下 */
88      if( !HAL_GPIO_ReadPin(GPIOA,GPIO_PIN_5))
89      {
90      /* 队列读取（接收），等待时间为一直等待 */
91      uwRet = LOS_QueueReadCopy(Test_Queue_Handle, /* 读取（接收）消息队列的ID(句柄) */
92                  &r_queue,         /* 读取（接收）的数据的保存位置 */
93                  &buffsize,        /* 读取（接收）的数据的长度 */
94                  LOS_WAIT_FOREVER); /* 等待时间: 一直等 */
95      LOS_TaskDelay(500);     //等待松手，延时防松手抖动
96      if(LOS_OK == uwRet)
97      {
98          printf("本次从消息队列中读出的数据是:%d, 读出的数据的长度是: %d\n",r_queue,buffsize);
99      }
100     else
101     {
102         printf("数据接收出错,错误代码 0x%X\n",uwRet);
103     }
104     }
105     /* 每20ms 扫描一次 */
```

```c
106         LOS_TaskDelay(20);
107 }
108 }
109 /*****************************************************************
110  * @ 函数名   : Send_Task
111  * @ 功能说明 : Send_Task 任务实现
112  * @ 参数     : 无
113  * @ 返回值   : 无
114  *****************************************************************/
115 static void Send_Task(void)
116 {
117     /* 定义一个返回类型变量，初始化为 LOS_OK */
118     UINT32 uwRet = LOS_OK;
119     /* 任务都是无限循环的，不能返回 */
120     while(1)
121     {
122         /* KEY1 键被按下 */
123         if( !HAL_GPIO_ReadPin(GPIOA,GPIO_PIN_4)) //读取 KEY 键引脚，低电平表示按下
124         {
125             send_data=i;
126             /* 将数据写入（发送）到消息队列中，等待时间为 0Tick */
127             uwRet = LOS_QueueWriteCopy( Test_Queue_Handle,  /* 写入（发送）消息队列的 ID(句柄) */
128                         &(send_data),           /* 写入（发送）的数据 */
129                         sizeof(send_data),      /* 数据的长度 */
130                         0);                     /* 等待时间为 0Tick */
131             if(LOS_OK == uwRet)
132             {
133                 printf("本次写入消息队列的数据是:%d\n",send_data);
134             }
135             else
136             {
137                 printf("数据不能发送到消息队列！错误代码 0x%X\n",uwRet);
138             }
139             LOS_TaskDelay(500);    //等待松手，延时防松手抖动
140             i++;
141         }
142         /* 每 20ms 扫描一次 */
143         LOS_TaskDelay(20);
144     }
145 }
```

(2) 定义任务创建函数 Creat_Receive_Task()和 Creat_Send_Task()。

```
146/***********************************************************
147 * @ 函数名   :  Creat_Receive_Task
148 * @ 功能说明: 创建 Receive_Task 任务
149 * @ 参数    : 无
150 * @ 返回值   : 无
151 ***********************************************************/
152static UINT32 Creat_Receive_Task()
153{
154 //定义一个返回类型变量,初始化为LOS_OK
155 UINT32 uwRet = LOS_OK;
156 //定义一个用于创建任务的参数结构体
157 TSK_INIT_PARAM_S task_init_param;
158 task_init_param.usTaskPrio = 5;  /* 任务优先级,数值越小,优先级越高 */
159 task_init_param.pcName = "Receive_Task";/* 任务名 */
160 task_init_param.pfnTaskEntry = (TSK_ENTRY_FUNC)Receive_Task;/* 任务函数入口 */
161 task_init_param.uwStackSize = 1024;     /* 堆栈大小 */
162 uwRet = LOS_TaskCreate(&Receive_Task_Handle, &task_init_param);/* 创建任务 */
163 return uwRet;
164}
165/***********************************************************
166 * @ 函数名   :  Creat_Send_Task
167 * @ 功能说明: 创建 Send_Task 任务
168 * @ 参数    : 无
169 * @ 返回值   : 无
170 ***********************************************************/
171static UINT32 Creat_Send_Task()
172{
173 // 定义一个返回类型变量,初始化为LOS_OK
174 UINT32 uwRet = LOS_OK;
175 TSK_INIT_PARAM_S task_init_param;
176 task_init_param.usTaskPrio = 4; /* 任务优先级,数值越小,优先级越高 */
177 task_init_param.pcName = "Send_Task";    /* 任务名 */
178 task_init_param.pfnTaskEntry = (TSK_ENTRY_FUNC)Send_Task;/* 任务函数入口 */
179 task_init_param.uwStackSize = 1024; /* 堆栈大小 */
180 uwRet = LOS_TaskCreate(&Send_Task_Handle, &task_init_param);/* 创建任务 */
181 return uwRet;
182}
```

（3）定义任务管理函数 AppTaskCreate()。

```
183/***************************************************************
184 * @ 函数名    : AppTaskCreate
185 * @ 功能说明  : 任务创建,为了方便管理,所有的任务创建函数都可以放在这个函数里面
186 * @ 参数      : 无
187 * @ 返回值    : 无
188 ***************************************************************/
189static UINT32 AppTaskCreate(void)
190{
191 /* 定义一个返回类型变量,初始化为LOS_OK */
192 UINT32 uwRet = LOS_OK;
193 /* 创建一个测试队列 */
194 uwRet = LOS_QueueCreate("Test_Queue",        /* 队列的名称 */
195                        TEST_QUEUE_LEN,       /* 队列的长度 */
196                        &Test_Queue_Handle,   /* 队列的ID(句柄) */
197                        0,                    /* 队列模式,官方暂时未使用 */
198                        TEST_QUEUE_SIZE);     /* 节点大小,单位为字节 */
199 if (uwRet != LOS_OK)
200 {
201    printf("Test_Queue 队列创建失败!失败代码0x%X\n",uwRet);
202    return uwRet;
203 }
204 uwRet = Creat_Receive_Task();
205 if (uwRet != LOS_OK)
206 {
207    printf("Receive_Task 任务创建失败!失败代码0x%X\n",uwRet);
208    return uwRet;
209 }
210 uwRet = Creat_Send_Task();
211 if (uwRet != LOS_OK)
212 {
213    printf("Send_Task 任务创建失败!失败代码0x%X\n",uwRet);
214    return uwRet;
215 }
216 return LOS_OK;
217}
218/* USER CODE END 0 */
```

4. 在主函数中修改代码

```
224int main(void)
225{
226  /* USER CODE BEGIN 1 */
```

```
227 //定义一个返回类型变量，初始化为LOS_OK
228 UINT32 uwRet = LOS_OK;
229 /* USER CODE END 1 */
230 /* MCU Configuration----------------------------------------*/
231 /* Reset of all peripherals, Initializes the Flash interface and the Systick. */
232 HAL_Init();
233 /* Configure the system clock */
234 SystemClock_Config();
235 /* Initialize all configured peripherals */
236 MX_GPIO_Init();
237 MX_USART1_UART_Init();
238 MX_USART2_UART_Init();
239 MX_USART3_UART_Init();
240 /* LiteOS 内核初始化 */
241 uwRet = LOS_KernelInit();
242 if (uwRet != LOS_OK)
243 {
244     printf("LiteOS 内核初始化失败！失败代码 0x%X\n",uwRet);
245     return LOS_NOK;
246 }
247 printf("任务 4-2 消息队列使用（带复制读/写方式）！\n\n");
248 uwRet = AppTaskCreate();
249 if (uwRet != LOS_OK)
250 {
251     printf("AppTaskCreate 创建任务失败！失败代码 0x%X\n",uwRet);
252     return LOS_NOK;
253 }
254 /* 开启 LiteOS 任务调度 */
255 LOS_Start();
256 //正常情况下不会执行到这里
257 while(1);
258 }
```

5. 添加串口发送函数

```
316 /* USER CODE BEGIN 4 */
317 int fputc(int ch, FILE *f)
318 {
319     HAL_UART_Transmit(&huart3, (uint8_t *)&ch, 1, 0xFFFF);
320     return ch;
321 }
322 /* USER CODE END 4 */
```

6. 查看运行结果

编译并下载程序到开发板中。打开串口调试助手，按下开发板上的 RST（复位）键，复位开发板，按下开发板上的 KEY1 键将数据写入消息队列，按下 KEY2 键将数据从消息队列中读出，并通过串口输出相应的信息，运行结果如图 4-3 所示。

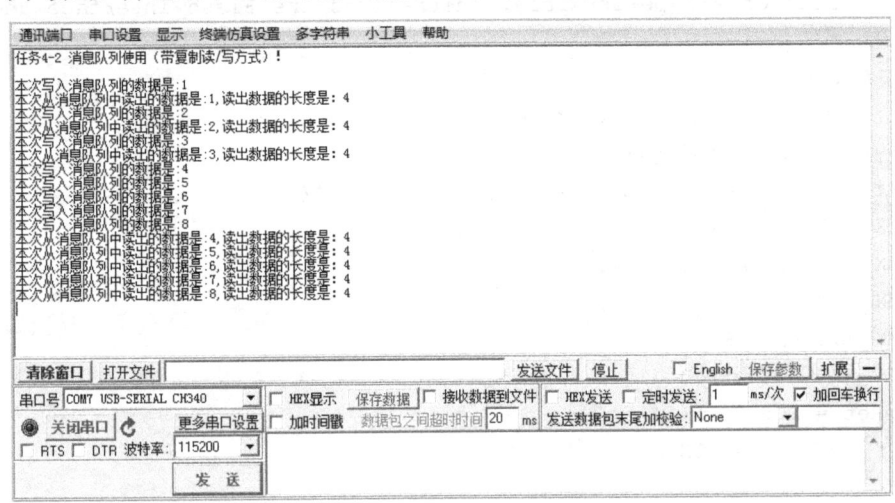

图 4-3 任务 4-2 运行结果

从运行结果可以看出，LOS_QueueReadCopy() 函数中参数 buffsize 可以记录 LOS_QueueWriteCopy() 函数写入消息节点的长度。

说明：

第 92 行：使用 LOS_QueueReadCopy() 函数时，r_queue 中存放的是 LOS_QueueWriteCopy() 函数写入消息节点中的数据。

第 128 行：使用 LOS_QueueWriteCopy() 函数时，写入消息节点中的是 send_data 中的数据。

第 5 章

信号量

在多任务操作系统环境下,多个任务会同时运行,并且一些任务之间可能存在一定的关联。多个任务可能为了完成同一件事情而相互协作,这样形成任务之间的同步关系;而且在不同任务之间,为了争夺有限的系统资源(硬件资源或软件资源)会进入竞争状态,这就是任务之间的互斥关系。

为解决任务之间的同步与互斥问题,LiteOS 使用了一些任务间通信的机制,信号量就是其中一种,本章将学习信号量的使用。

学习目标

- 能够描述信号量的基本概念;
- 能够分析二值信号量与计数信号量的区别;
- 能够说出信号量的运行机制;
- 能够熟练使用 LiteOS 信号量的相关函数。

5.1 信号量的基本概念

信号量(Semaphore)是一种实现任务间通信的机制,可以实现任务之间同步或共享资源的互斥访问。任务之间的同步与互斥关系存在的根源在于临界资源。临界资源是在同一个时刻只允许有限个(通常只有一个)任务可以访问(读)或修改(写)的资源,通常包括硬件资源(处理器、内存、存储器及其他外围设备等)和软件资源(共享代码段、共享结构和变量等)。访问临界资源的代码叫作临界区,临界区本身也会成为临界资源。信号量常用于协助一组相互竞争的任务来实现对临界资源的保护。

信号量本质上是一个非负整数，所有获取它的任务都会将该整数减一（获取它是为了使用资源），当该整数的值为 0 时，表示信号量处于无效状态，将无法被再次获取，所有试图获取它的任务都将进入阻塞态。一个信号量的计数值用于对应有效的资源数，表示剩下的可被占用的互斥资源数。其值的含义分以下两种情况。

（1）0：表示该信号量当前不可被获取，可能存在正在等待该信号量的任务。

（2）正值：表示该信号量当前可被获取。

信号量通常分为两种：二值信号量与计数信号量。

5.1.1 二值信号量

只有 0（资源被获取）和 1（资源被释放）两种情况的信号量称为二值信号量。二值信号量既可以用于实现同步功能（任务与任务同步，如获取传感器数据任务与液晶屏幕刷新任务；任务与中断同步，如网络信息的接收处理），也可以用于对临界资源访问的保护。

以互斥与同步为目的的信号量在使用上有如下不同。

（1）用作互斥时，侧重于可用资源的有和无，起占线的作用，即信号量创建后，信号量中信号量可用个数是 1，在需要使用临界资源时，获取信号量，使其变空，这样其他任务因获取不到该信号量而阻塞，保证临界资源的安全，当任务使用完临界资源时必须释放信号量。

（2）用作同步时，侧重于任务执行条件的因果性，起等待条件的作用，即信号量创建后被置为空，任务 1 获取信号量而阻塞，任务 2 在某种条件发生后，释放信号量，于是任务 1 得以进入就绪态或运行态（如果就绪任务的优先级是最高的），从而达到两个任务间的同步。

5.1.2 计数信号量

用于计数的信号量称为计数信号量。在实际的使用中，计数信号量常用于表示事件发生的次数或者对资源数量的管理。当某个事件发生时，任务或中断释放一个信号量（信号量的计数值加 1），当处理事件时（一般在任务中处理），处理任务会取走该信号量（信号量的计数值减 1），信号量的计数值则表示还剩余多少个事件没被处理。此外，系统还有很多资源，也可以使用计数信号量进行资源管理，信号量的计数值表示系统中可用的资源数目，任务必须先获取到信号量才能访问资源，当信号量的计数值为 0 时，表示系统没有可用的资源，任务会进入等待状态，但是需要注意，在使用完资源的时候，必须归还信号量，否则当信号量的计数值为 0 的时候，任务就无法再访问该资源了。

5.2 信号量控制块

信号量控制块与任务控制块类似，系统中每个信号量都有对应的信号量控制块，信号量控制块中包含了信号量的所有信息，定义在 LiteOS 源码目录下的"\kernel\base\

include\los_sem.ph"文件中，其代码结构如下。

```
typedef struct
{
    UINT16      usSemStat;          /**< 信号量状态 */
    UINT16      usSemCount;         /**< 可用信号量的个数 */
    UINT16      usMaxSemCount;      /**< 信号量的最大容量 */
    UINT16      usSemID;            /**< 信号量 ID */
    LOS_DL_LIST stSemList;          /**< 信号量阻塞列表 */
} SEM_CB_S;
```

信号量控制块中包含信息的说明如下。

（1）usSemStat：信号量状态，标志信号量是否被使用，取值为 OS_SEM_UNUSED 或 OS_SEM_USED。

（2）usSemCount：可用信号量的个数，即信号量对应的同一类型的互斥资源的总个数，初始时由用户传入。任务每获取一个资源，usSemCount 减 1，减到 0 意味着该信号量对应的所有资源都被任务获取了，系统目前无此类型的资源可用。

（3）usMaxSemCount：可用信号量的最大容量，在二值信号量中，其值为 OS_SEM_BINARY_MAX_COUNT，也就是 1；而在计数信号量中，它的最大值是 OS_SEM_COUNTING_MAX_COUNT，也就是 0xFFFF。

（4）usSemID：信号量 ID，初始时分配，用户创建时返回给用户，用户通过 ID 号操作信号量。

（5）stSemList：信号量阻塞列表，它有两个用途：一是在 OS_SEM_UNUSED 状态下，将 SEM_CB_S 结构链在未使用的链表中，二是在 OS_SEM_USED 状态下，用作信号量阻塞队列，链接因获取信号量失败需要进入阻塞态的任务，当信号量释放时从该队列依次唤醒被阻塞的任务。每释放一个信号量，就唤醒一个任务。

5.3 信号量的运行机制

5.3.1 二值信号量的运行机制

在创建二值信号量时，用户可以自定义其初始可用信号量的个数，值为 0 或 1。任何任务都可以从已创建的二值信号量资源中获取一个二值信号量，若当前信号量有效，则获取成功，并返回 LOS_OK；若当前信号量无效，则任务根据用户指定的阻塞超时时间来等待其他任务或中断释放信号量，等待过程中任务变为阻塞态，任务将被挂到该信号量的阻塞等待列表中；在某个时间点，中断或者另一个任务因某种条件，释放了一个二值信号量，那么之前获取无效信号量而处于阻塞态的任务将从阻塞态解除，变为就绪态。

二值信号量的运行机制如图 5-1 所示。

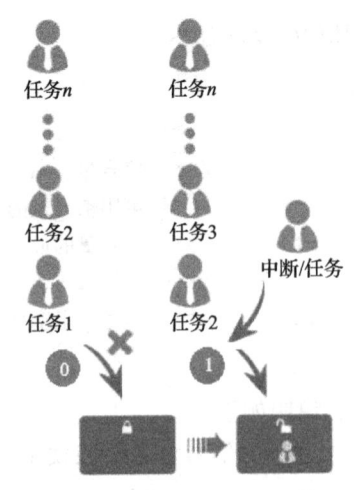

图 5-1 二值信号量的运行机制

5.3.2 计数信号量的运行机制

计数信号量可以用于资源管理，信号量允许多个任务在同一时刻访问同一资源，但会限制同一时刻访问此资源的最大任务数。当访问的任务数达到可支持的最大任务数时，会阻塞其他试图获取该信号量的任务，直到有任务释放了信号量。

当任务访问公共资源时，先获取信号量的计数值，若其计数值大于 0，则直接减 1 返回成功；否则任务阻塞，等待其他任务释放该信号量，等待的超时时间可设定。当任务被一个信号量阻塞时，将该任务挂到信号量等待任务队列的队尾，当有其他任务释放信号量时，则唤醒该信号量等待任务队列上的第一个任务。

图 5-2 展示了计数信号量用于公共资源管理时的运行机制。

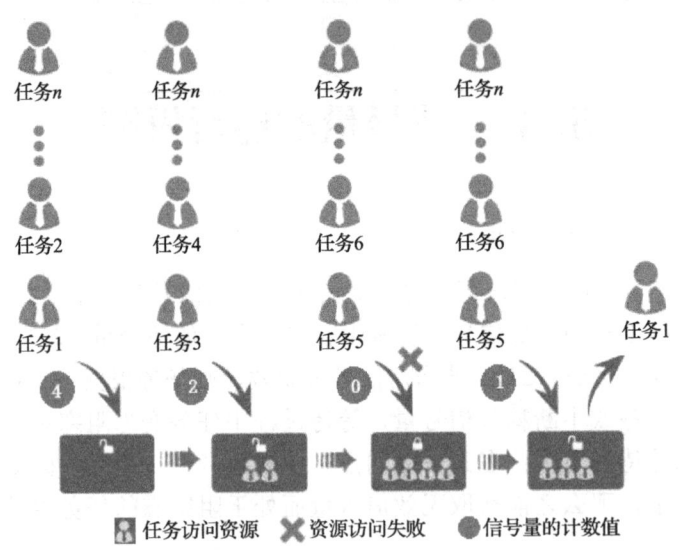

图 5-2 计数信号量用于公共资源管理时的运行机制

5.4 信号量的常用函数

LiteOS 中信号量的常用函数及功能如表 5-1 所示。

表 5-1　LiteOS 中信号量的常用函数及功能

功能分类	函数名	功能
创建/删除信号量	LOS_SemCreate	创建计数信号量，返回信号量 ID
	LOS_BinarySemCreate	创建二值信号量，其计数值最大为 1
	LOS_SemDelete	删除指定的信号量
获取/释放信号量	LOS_SemPend	获取指定的信号量，并设置超时时间
	LOS_SemPost	释放指定的信号量

5.4.1　二值信号量创建函数 LOS_BinarySemCreate()

LiteOS 提供的二值信号量创建函数是 LOS_BinarySemCreate()，其创建的是二值信号量，所以该信号量的容量要么是满，要么是空，在创建的时候，用户可以自己定义初始信号量可用个数，范围是 0~1。如果指定信号量可用个数为 1，表明这个信号量是有效的，任务可以立即获取信号量；而如果不需要立即获取信号量的情况下，可以将信号量可用个数初始化为 0。

LOS_BinarySemCreate()函数语法要点如表 5-2 所示。

表 5-2　LOS_BinarySemCreate()函数语法要点

函数原型	LITE_OS_SEC_TEXT_INIT UINT32 LOS_BinarySemCreate (UINT16 usCount, UINT32 *puwSemHandle)
函数传入值	usCount：初始信号量可用个数，范围是 0~1
	*puwSemHandle：用于接收创建成功的信号量的操作句柄，实际上是信号量 ID
函数返回值	LOS_OK：二值信号量创建成功
	错误代码：出错

5.4.2　计数信号量创建函数 LOS_SemCreate()

计数信号量创建函数是 LOS_SemCreate()，计数信号量的创建与二值信号量的创建基本上是一样的，区别为：二值信号量的最大容量为 OS_SEM_BINARY_MAX_COUNT，该宏定义的值为 1，而计数信号量的最大容量则为 OS_SEM_COUNTING_MAX_COUNT，该宏定义的值为 0xFFFF。

LOS_SemCreate()函数语法要点如表 5-3 所示。

表 5-3　LOS_SemCreate()函数语法要点

函数原型	LITE_OS_SEC_TEXT_INIT UINT32 LOS_SemCreate (UINT16 usCount, UINT32 *puwSemHandle)
函数传入值	usCount：指定信号量的初始计数值，对应于有效资源数，表示初始的可被占用的某一类型的互斥的资源个数 *puwSemHandle：用于接收创建成功的信号量的操作句柄，实际上是信号量 ID
函数返回值	LOS_OK：计数信号量创建成功 错误代码：出错

5.4.3　信号量删除函数 LOS_SemDelete()

信号量删除函数是 LOS_SemDelete()，它根据信号量 ID 删除一个信号量，删除之后信号量的所有信息都会被系统回收，而且不能再次使用这个信号量，但需要注意的是，信号量在使用或者有任务在阻塞中等待该信号量时是不能被删除的；如果某个信号量没有被创建，那么也是无法被删除的。

LOS_SemDelete()函数语法要点如表 5-4 所示。

表 5-4　LOS_SemDelete()函数语法要点

函数原型	LITE_OS_SEC_TEXT_INIT UINT32 LOS_SemDelete(UINT32 uwSemHandle)
函数传入值	uwSemHandle：信号量 ID，表示要删除哪个信号量
函数返回值	LOS_OK：信号量删除成功 错误代码：出错

5.4.4　信号量释放函数 LOS_SemPost()

信号量释放函数 LOS_SemPost()可以在任务、中断中使用，作用是给信号量的值加 1，启动一次任务切换，CPU 调度优先级队列中最高优先级的任务执行。当有任务阻塞在这个信号量上时，调用这个函数会使其中一个任务不再阻塞。每调用一次该函数就会释放一个信号量，信号量可用个数就会加 1，但无论是二值信号量还是计数信号量，都不能一直释放信号量，需要注意可用信号量的范围，对于二值信号量，必须确保其可用值的范围为 0~1（OS_SEM_BINARY_MAX_COUNT）；而对于计数信号量，其可用值的范围为 0~OS_SEM_COUNTING_MAX_COUNT。

LOS_SemPost()函数语法要点如表 5-5 所示。

表 5-5　LOS_SemPost()函数语法要点

函数原型	LITE_OS_SEC_TEXT UINT32 LOS_SemPost(UINT32 uwSemHandle)
函数传入值	uwSemHandle：信号量 ID
函数返回值	LOS_OK：信号量释放成功 错误代码：出错

5.4.5 信号量获取函数 LOS_SemPend()

与释放信号量对应的是获取信号量，信号量获取函数是 LOS_SemPend()，任务在访问公共资源时，先去获取信号量，当信号量有效时，任务才能访问该资源。任务获取了某个信号量时，信号量可用个数就减 1，获取信号量的这个任务访问公共资源，当信号量可用个数为 0 时，获取信号量的任务会进入阻塞态，阻塞时间由用户指定。每调用一次 LOS_SemPend()函数获取信号量，信号量的可用个数减 1，直至为 0。

LOS_SemPend()函数语法要点如表 5-6 所示。

表 5-6 LOS_SemPend()函数语法要点

函数原型	LITE_OS_SEC_TEXT UINT32 LOS_SemPend(UINT32 uwSemHandle, UINT32 uwTimeout)
函数传入值	uwSemHandle：信号量 ID uwTimeout：获取超时时间，同时代表信号量的获取模式：0 表示无阻塞模式，LOS_WAIT_FOREVER 表示永久阻塞模式，其他值表示定时阻塞模式
函数返回值	LOS_OK：信号量获取成功 错误代码：出错

信号量的 3 种获取模式有无阻塞模式、永久阻塞模式和定时阻塞模式。

（1）无阻塞模式：任务需要获取信号量，若当前信号量中信号量可用个数不为 0，则申请成功；否则，立即返回获取失败。

（2）永久阻塞模式：任务需要获取信号量，若当前信号量中信号量可用个数不为 0，则申请成功；否则，该任务进入阻塞态，系统切换到就绪任务中优先级最高者继续执行。任务进入阻塞态后，直到有其他任务或中断释放该信号量，阻塞任务才会重新得以执行。

（3）定时阻塞模式：任务需要获取信号量，若当前信号量中信号量可用个数不为 0，则申请成功；否则，该任务进入阻塞态，阻塞时间由用户指定，在这段时间中有其他任务或中断释放该信号量，任务将恢复就绪态；或阻塞时间超时，任务也会恢复就绪态。

使用信号量时注意：由于中断不能被阻塞，因此在获取信号量时，阻塞模式不能在中断中使用。

任务 5-1　二值信号量同步

任务描述

创建两个任务 SemTask1 和 SemTask2，两个任务访问同一个二值信号量，通过使用信号量，实现两者交替对变量 Value 的值进行加 1 操作。

任务 SemTask2 优先级高于任务 SemTask1，先运行，通过 LOS_SemPend()函数获取信号量，但信号量初始化时被置为 0，所以任务 SemTask2 阻塞等待，此时任务 SemTask1 运行，变量 Value 的值加 1，再调用 LOS_SemPost()函数使信号量可用个数加 1 变为 1，之后任务休眠2000Ticks，此时，因为信号量可用个数为1，阻塞等待中的任务SemTask2自动唤醒，信号量可用个数减1变为0，变量Value的值加1，任务SemTask2进行下一次循环，由于此时信号量可用个数为0，任务SemTask2阻塞等待，直到任务SemTask1再次使信号量可用个数加1……，就这样，任务SemTask1和任务SemTask2两者交替给变量Value的值进行加1操作。

任务实现

1. 添加头文件

打开第2章中移植好LiteOS的工程TEST，修改main.c文件，添加头文件。

```
26  /* USER CODE BEGIN Includes */
27  /* LiteOS 头文件 */
28  #include "los_sys.h"
29  #include "los_task.ph"
30  #include "los_sem.h"
31  /* USER CODE END Includes */
```

2. 定义任务ID变量、二值信号量的ID变量，声明全局变量

```
60  /* USER CODE BEGIN 0 */
61  /* 定义任务ID变量 */
62  UINT32 Sem_Task1_Handle;
63  UINT32 Sem_Task2_Handle;
64  /* 定义二值信号量的ID变量 */
65  UINT32 BinarySem_Handle;
66  /* 声明全局变量 */
67  UINT32 Value = 0;
```

3. 创建和管理任务Sem_Task1和任务Sem_Task2

（1）定义任务实现函数Sem_Task1()和Sem_Task2()。

```
68  /*************************************************************
69   * @ 函数名   : Sem_Task1
70   * @ 功能说明 : Sem_Task1 任务实现
71   * @ 参数     : 无
72   * @ 返回值   : 无
73   *************************************************************/
74  static void Sem_Task1(void)
75  {
76    /* 任务都是无限循环的，不能返回 */
77    while(1)
78    {
79      printf("\n************Sem_Task1任务****************\n");
80      Value ++;
```

```
81        printf ( "\r\nSem_Task1 任务使 Value 加 1, Value= %d\r\n", Value );
82        printf("Sem_Task1 任务调用 LOS_SemPost 函数使信号量可用个数加 1,信号量可用个
数变为1。\n");
83        LOS_SemPost( BinarySem_Handle );
84        LOS_TaskDelay ( 2000 );                /* 延时 2000Ticks */
85    }
86 }
87 /**************************************************************
88  * @ 函数名    : Sem_Task2
89  * @ 功能说明  : Sem_Task2 任务实现
90  * @ 参数      : 无
91  * @ 返回值    : 无
92 **************************************************************/
93 static void Sem_Task2(void)
94 {
95    /* 任务都是无限循环的,不能返回 */
96    while(1)
97    {
98        printf("\n************Sem_Task2 任务****************\n");
99        printf("Sem_Task2 任务阻塞,等待可用的信号量...\n");
100       LOS_SemPend( BinarySem_Handle , LOS_WAIT_FOREVER ); //获取二值信号量,
若没获取到,则一直等待
101       printf("\n************Sem_Task2 任务****************\n");
102       printf("Sem_Task2 任务唤醒继续运行。\n");
103       printf("Sem_Task2 任务调用 LOS_SemPend 函数使信号量可用个数减 1,信号量可用个
数变为 0。\n");
104       Value ++;
105       printf ( "\r\nSem_Task2 任务使 Value 加 1, Value= %d\r\n", Value );
106    }
107}
```

（2）定义任务创建函数 Creat_Sem_Task1()和 Creat_Sem_Task2()。

```
110/**************************************************************
111 * @ 函数名    : Creat_Sem_Task1
112 * @ 功能说明  : 创建 Sem_Task1 任务
113 * @ 参数      : 无
114 * @ 返回值    : 无
115 **************************************************************/
116static UINT32 Creat_Sem_Task1()
117{
118 //定义一个返回类型变量,初始化为 LOS_OK
119 UINT32 uwRet = LOS_OK;
120 //定义一个用于创建任务的参数结构体
```

```
121 TSK_INIT_PARAM_S task_init_param;
122 task_init_param.usTaskPrio = 5; /* 任务优先级,数值越小,优先级越高 */
123 task_init_param.pcName = "Sem_Task1";/* 任务名 */
124 task_init_param.pfnTaskEntry = (TSK_ENTRY_FUNC)Sem_Task1;/* 任务函数入口 */
125 task_init_param.uwStackSize = 1024;        /* 堆栈大小 */
126 uwRet = LOS_TaskCreate(&Sem_Task1_Handle, &task_init_param);/* 创建任务 */
127 return uwRet;
128 }
129 /*****************************************************************
130  * @ 函数名    : Creat_Sem_Task2
131  * @ 功能说明  : 创建 Sem_Task2 任务
132  * @ 参数      : 无
133  * @ 返回值    : 无
134  *****************************************************************/
135 static UINT32 Creat_Sem_Task2()
136 {
137 //定义一个返回类型变量,初始化为 LOS_OK
138 UINT32 uwRet = LOS_OK;
139 TSK_INIT_PARAM_S task_init_param;
140 task_init_param.usTaskPrio = 4; /* 任务优先级,数值越小,优先级越高 */
141 task_init_param.pcName = "Sem_Task2";   /* 任务名 */
142 task_init_param.pfnTaskEntry = (TSK_ENTRY_FUNC)Sem_Task2;/* 任务函数入口 */
143 task_init_param.uwStackSize = 1024; /* 堆栈大小 */
144 uwRet = LOS_TaskCreate(&Sem_Task2_Handle, &task_init_param);/* 创建任务 */
145 return uwRet;
146 }
```

(3)定义任务管理函数 AppTaskCreate()。

```
147 /*****************************************************************
148  * @ 函数名    : AppTaskCreate
149  * @ 功能说明  : 任务创建,为了方便管理,所有的任务创建函数都可以放在这个函数里面
150  * @ 参数      : 无
151  * @ 返回值    : 无
152  *****************************************************************/
153 static UINT32 AppTaskCreate(void)
154 {
155 /* 定义一个返回类型变量,初始化为 LOS_OK */
156 UINT32 uwRet = LOS_OK;
157     /* 创建一个二值信号量,初始信号量可用个数为 0 */
158 uwRet = LOS_BinarySemCreate(0,&BinarySem_Handle);
159 if (uwRet != LOS_OK)
160 {
161     printf("BinarySem 创建失败!失败代码 0x%X\n",uwRet);
```

```
162 }
163 uwRet = Creat_Sem_Task1();
164 if (uwRet != LOS_OK)
165 {
166     printf("Sem_Task1 任务创建失败！失败代码 0x%X\n",uwRet);
167     return uwRet;
168 }
169 uwRet = Creat_Sem_Task2();
170 if (uwRet != LOS_OK)
171 {
172     printf("Sem_Task2 任务创建失败！失败代码 0x%X\n",uwRet);
173     return uwRet;
174 }
175 return LOS_OK;
176 }
177 /* USER CODE END 0 */
```

4. 在主函数中修改代码

```
185 int main(void)
186 {
187   /* USER CODE BEGIN 1 */
188   UINT32 uwRet = LOS_OK;    //定义一个返回类型变量，初始化为LOS_OK
189   /* USER CODE END 1 */
190   /* MCU onfiguration----------------------------------------*/
191   /* Reset of all peripherals, Initializes the Flash interface and the Systick. */
192   HAL_Init();
193   /* Configure the system clock */
194   SystemClock_Config();
195   /* Initialize all configured peripherals */
196   MX_GPIO_Init();
197   MX_USART1_UART_Init();
198   MX_USART2_UART_Init();
199   MX_USART3_UART_Init();
200   /* LiteOS 内核初始化 */
201   uwRet = LOS_KernelInit();
202   if (uwRet != LOS_OK)
203   {
204     printf("LiteOS 内核初始化失败！失败代码 0x%X\n",uwRet);
205     return LOS_NOK;
206   }
207   printf("任务 5-1 二值信号量同步！\n\n");
208   /* 创建 App 应用任务，所有的应用任务都可以放在这个函数里面 */
```

```
209 uwRet = AppTaskCreate();
210 if (uwRet != LOS_OK)
211 {
212     printf("AppTaskCreate创建任务失败!失败代码 0x%X\n",uwRet);
213     return LOS_NOK;
214 }
215 /* 开启 LiteOS 任务调度 */
216 LOS_Start();
217 //正常情况下不会执行到这里
218 while(1);
219 }
```

5. 添加串口发送函数

```
278 /* USER CODE BEGIN 4 */
279 int fputc(int ch, FILE *f)
280 {
281     HAL_UART_Transmit(&huart3, (uint8_t *)&ch, 1, 0xFFFF);
282     return ch;
283 }
284 /* USER CODE END 4 */
```

6. 查看运行结果

编译并下载程序到开发板中。打开串口调试助手，按下开发板上的 RST（复位）键，运行结果如图 5-3 所示。

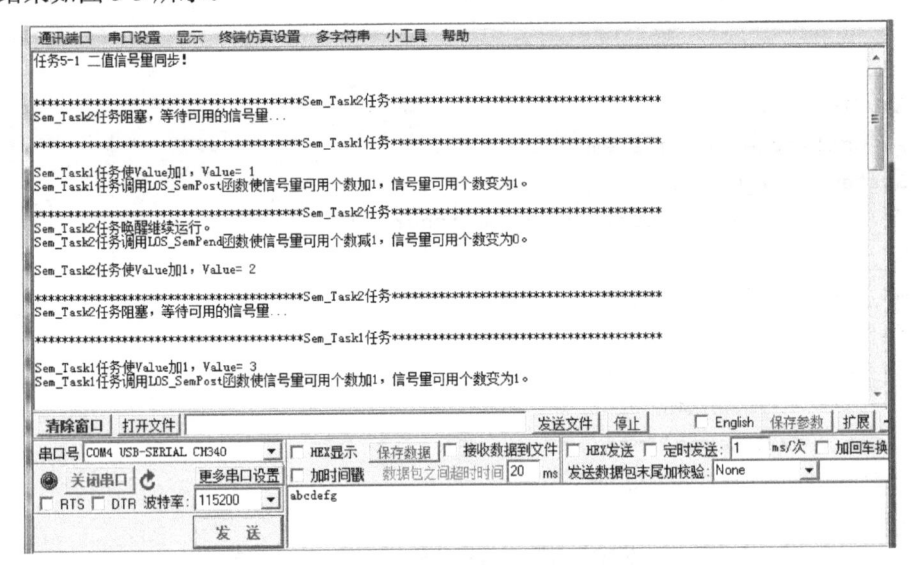

图 5-3　任务 5-1 运行结果

任务 5-2　计数信号量模拟停车场停车取车

🔭 任务描述

程序通过使用计数信号量模拟停车场的运行。创建两个任务 PendTask 和 PostTask，创建一个计数信号量，并初始化计数值为 5，在任务 PendTask 中，通过按下 KEY1 获取信号量，模拟停车场的停车操作，其等待时间为 0Tick，并在串口调试助手中输出相应信息；在任务 PostTask 中，通过按下 KEY2 释放信号量，模拟停车场的取车操作，并在串口调试助手中输出相应信息。

⏰ 任务实现

1. 添加头文件

打开第 2 章中移植好 LiteOS 的工程 TEST，修改 main.c 文件，添加头文件。

```
26 /* USER CODE BEGIN Includes */
27 /* LiteOS 头文件 */
28 #include "los_sys.h"
29 #include "los_task.ph"
30 #include "los_sem.h"
31 /* USER CODE END Includes */
```

2. 定义任务 ID 变量、计数信号量的 ID 变量

```
60 /* USER CODE BEGIN 0 */
61 /* 定义任务 ID 变量 */
62 UINT32 Pend_Task_Handle;
63 UINT32 Post_Task_Handle;
64 /* 定义计数信号量的 ID 变量 */
65 UINT32 CountSem_Handle;
```

3. 创建和管理任务 PendTask 和任务 PostTask

（1）定义任务实现函数 PendTask() 和 PostTask()。

```
66 /***************************************************************
67  * @ 函数名   : Pend_Task
68  * @ 功能说明 : Pend_Task 任务实现
69  * @ 参数     : 无
70  * @ 返回值   : 无
71  ***************************************************************/
72 static void Pend_Task(void)
73 {
```

```c
74  UINT32 uwRet = LOS_OK;
75  /* 任务都是无限循环的，不能返回 */
76  while(1)
77  {
78      //如果 KEY1 被按下
79      if( !HAL_GPIO_ReadPin(GPIOA,GPIO_PIN_4)) //读取 KEY1 引脚，低电平表示按下
80      {
81          /* 获取一个计数信号量，等待时间为 0Tick */
82          uwRet = LOS_SemPend ( CountSem_Handle,0);
83          LOS_TaskDelay(500);     //等待松手，延时防松手抖动
84          if (LOS_OK ==  uwRet)
85              printf ( "\r\nKEY1 被按下，成功申请到停车位。\r\n" );
86          else
87              printf ( "\r\nKEY1 被按下，不好意思，现在停车场已满！\r\n" );
88      }
89      LOS_TaskDelay(20);       //每 20ms 扫描一次
90  }
91  }
92  /*************************************************************
93   * @ 函数名   ： Post_Task
94   * @ 功能说明 ： Post_Task 任务实现
95   * @ 参数     ： 无
96   * @ 返回值   ： 无
97   *************************************************************/
98  static void Post_Task(void)
99  {
100 UINT32 uwRet = LOS_OK;
101   while(1)
102 {
103     //如果 KEY2 被按下
104 if( !HAL_GPIO_ReadPin(GPIOA,GPIO_PIN_5))
105     {
106         /* 释放一个计数信号量，LiteOS 的计数信号量允许一直释放 */
107         uwRet = LOS_SemPost(CountSem_Handle);
108         LOS_TaskDelay(500);      //等待松手，延时防松手抖动
109         if ( LOS_OK == uwRet )
110             printf ( "\r\nKEY2 被按下，释放 1 个停车位。\r\n" );
111         else
112             printf ( "\r\nKEY2 被按下，但已无车位可以释放！\r\n" );
113     }
114     LOS_TaskDelay(20);       //每 20ms 扫描一次
```

```
115 }
116 }
```

（2）定义任务创建函数 Creat_PendTask()和 Creat_PostTask()。

```
117 /***********************************************************
118  * @ 函数名     ： Creat_Pend_Task
119  * @ 功能说明   ：创建 Pend_Task 任务
120  * @ 参数       ：无
121  * @ 返回值     ：无
122  ***********************************************************/
123 static UINT32 Creat_Pend_Task()
124 {
125   //定义一个返回类型变量，初始化为 LOS_OK
126   UINT32 uwRet = LOS_OK;
127   //定义一个用于创建任务的参数结构体
128   TSK_INIT_PARAM_S task_init_param;
129   task_init_param.usTaskPrio = 5;  /* 任务优先级，数值越小，优先级越高 */
130   task_init_param.pcName = "Pend_Task";/* 任务名 */
131   task_init_param.pfnTaskEntry = (TSK_ENTRY_FUNC)Pend_Task;/* 任务函数入口 */
132   task_init_param.uwStackSize = 1024;      /* 堆栈大小 */
133   uwRet = LOS_TaskCreate(&Pend_Task_Handle, &task_init_param);/* 创建任务 */
134   return uwRet;
135 }
136 /***********************************************************
137  * @ 函数名     ： Creat_Post_Task
138  * @ 功能说明   ：创建 Post_Task 任务
139  * @ 参数       ：无
140  * @ 返回值     ：无
141  ***********************************************************/
142 static UINT32 Creat_Post_Task()
143 {
144   //定义一个返回类型变量，初始化为 LOS_OK
145   UINT32 uwRet = LOS_OK;
146   TSK_INIT_PARAM_S task_init_param;
147   task_init_param.usTaskPrio = 4; /* 任务优先级，数值越小，优先级越高 */
148   task_init_param.pcName = "Post_Task";   /* 任务名 */
149   task_init_param.pfnTaskEntry = (TSK_ENTRY_FUNC)Post_Task;/* 任务函数入口 */
150   task_init_param.uwStackSize = 1024; /* 堆栈大小 */
151   uwRet = LOS_TaskCreate(&Post_Task_Handle, &task_init_param);/* 创建任务 */
152   return uwRet;
153 }
```

（3）定义任务管理函数 AppTaskCreate()。

```
154/***************************************************************
155 * @ 函数名    : AppTaskCreate
156 * @ 功能说明  : 任务创建，为了方便管理，所有的任务创建函数都可以放在这个函数里面
157 * @ 参数      : 无
158 * @ 返回值    : 无
159 ***************************************************************/
160static UINT32 AppTaskCreate(void)
161{
162  /* 定义一个返回类型变量，初始化为 LOS_OK */
163  UINT32 uwRet = LOS_OK;
164  /* 创建一个计数信号量，初始化计数值为5 */
165  uwRet = LOS_SemCreate (5,&CountSem_Handle);
166  if (uwRet != LOS_OK)
167  {
168      printf("CountSem 创建失败！失败代码 0x%X\n",uwRet);
169  }
170  uwRet = Creat_Pend_Task();
171  if (uwRet != LOS_OK)
172  {
173      printf("Pend_Task 任务创建失败！失败代码 0x%X\n",uwRet);
174      return uwRet;
175  }
176  uwRet = Creat_Post_Task();
177  if (uwRet != LOS_OK)
178  {
179      printf("Post_Task 任务创建失败！失败代码 0x%X\n",uwRet);
180      return uwRet;
181  }
182  return LOS_OK;
183}
184/* USER CODE END 0 */
```

4. 在主函数中修改代码

```
190int main(void)
191{
192  /* USER CODE BEGIN 1 */
193  UINT32 uwRet = LOS_OK;    //定义一个返回类型变量，初始化为 LOS_OK
194  /* USER CODE END 1 */
195  /* MCU Configuration----------------------------------------*/
196  /* Reset of all peripherals, Initializes the Flash interface and the Systick. */
```

```
197  HAL_Init();
198  /* Configure the system clock */
199  SystemClock_Config();
200  /* Initialize all configured peripherals */
201  MX_GPIO_Init();
202  MX_USART1_UART_Init();
203  MX_USART2_UART_Init();
204  MX_USART3_UART_Init();
205  /* LiteOS 内核初始化 */
206  uwRet = LOS_KernelInit();
207  if (uwRet != LOS_OK)
208  {
209      printf("LiteOS 内核初始化失败！失败代码 0x%X\n",uwRet);
210      return LOS_NOK;
211  }
212  printf("任务 5-2 计数信号量模拟停车场停车取车！\n\n");
213  printf("车位默认值为 5 个，按下 KEY1 申请车位，按下 KEY2 释放车位！\n\n");
214  uwRet = AppTaskCreate();
215  if (uwRet != LOS_OK)
216  {
217      printf("AppTaskCreate 创建任务失败！失败代码 0x%X\n",uwRet);
218      return LOS_NOK;
219  }
220  /* 开启 LiteOS 任务调度 */
221  LOS_Start();
222  //正常情况下不会执行到这里
223  while(1);
224 }
```

5. 添加串口发送函数

```
282 /* USER CODE BEGIN 4 */
283 int fputc(int ch, FILE *f)
284 {
285   HAL_UART_Transmit(&huart3, (uint8_t *)&ch, 1, 0xFFFF);
286   return ch;
287 }
288 /* USER CODE END 4 */
```

6. 查看运行结果

编译并下载程序到开发板中。打开串口调试助手，按下开发板上的 RST（复位）键，重启开发板，按下 KEY1 获取信号量模拟停车，按下 KEY2 释放信号量模拟取车，运行结果如图 5-4 所示。

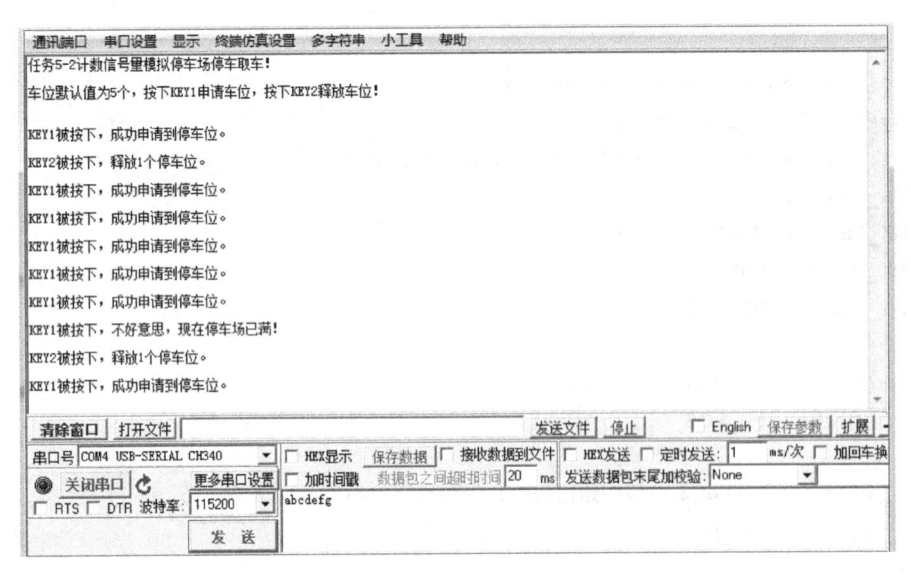

图 5-4　任务 5-2 运行结果

第 6 章

互斥锁

在多任务环境下,当多个任务竞争同一共享资源时,使用信号量并不是明智的选择,LiteOS 提供另一种任务间通信的机制——互斥锁,互斥锁可被用于对共享资源的保护,从而实现独占式访问。另外,互斥锁具有优先级继承机制,可以将优先级翻转的危害降低到最小。本章将学习互斥锁的使用。

学习目标

- 能够描述互斥锁的基本概念;
- 能够分析优先级翻转问题及其危害;
- 能够说出互斥锁的运行机制;
- 能够分析优先级继承的原理;
- 能够熟练使用 LiteOS 互斥锁的相关函数。

6.1 互斥锁的基本概念

互斥锁又称互斥型信号量,是一种特殊的二值信号量,常用于实现对共享资源的独占式处理。与信号量不同的是,互斥锁具有互斥锁所有权、递归访问及优先级继承等特性。

任意时刻互斥锁只有两种状态:开锁或闭锁。当任务持有互斥锁时,这个任务获得该互斥锁的所有权,互斥锁处于闭锁状态;当任务释放互斥锁后,这个任务失去该互斥锁的所有权,互斥锁处于开锁状态。

当一个任务持有互斥锁时,其他任务不能再对该互斥锁进行开锁或持有。持有该互斥锁的任务能够再次获得这个锁而不被挂起,这就是互斥锁的递归访问,一般的信号量不具备这个特性,在信号量中,当不存在可用的信号量时,任务递归获取信号量时会主动挂起任务。

如果想要实现任务与任务间或者任务与中断间的同步功能,二值信号量是更好的选择,互斥锁虽然也可以用于任务与任务间的同步,但互斥锁更侧重用于保护资源的互斥。二值信号量也可以用于保护临界资源,但会导致一个潜在的问题:可能发生任务优先级翻转。

6.2 互斥锁的优先级继承机制

优先级翻转是指高优先级任务无法运行而低优先级任务可以运行的现象。发生优先级翻转会导致系统的高优先级任务阻塞时间过长,得不到有效的处理,有可能对整个系统产生严重的危害,同时违反了操作系统可抢占调度的原则。LiteOS 为了降低优先级翻转产生的危害而使用了优先级继承算法。优先级继承算法是指暂时提高占有某种临界资源的低优先级任务的优先级,使之与在所有等待该资源的任务中优先级最高的任务优先级相等(可以看作低优先级任务继承了高优先级任务的优先级),从而使其能更快地执行并释放资源,而当这个低优先级任务执行完毕释放资源后,优先级恢复初始设定值。因此,继承优先级的任务避免了系统资源被任何中间优先级的任务抢占。

互斥锁与二值信号量最大的区别是:互斥锁具有优先级继承机制,而二值信号量没有。当某个临界资源受到一个互斥锁保护时,任务访问该资源前需要获得互斥锁,如果这个资源正在被一个低优先级任务使用,那么此时的互斥锁处于闭锁状态,其他任务不能获得该互斥锁;如果此时一个高优先级任务想要访问该资源,那么高优先级任务会因为获取不到互斥锁而进入阻塞态,系统会将当前持有该互斥锁的任务的优先级临时提升到与高优先级任务相同的优先级,这就是优先级继承机制,它确保了高优先级任务进入阻塞态的时间尽可能短,从而将优先级翻转的危害降到最低。

例如,系统中有 H、M 和 L 3 个任务,优先级 H > M > L,假设任务 H、M 处于挂起状态,等待某一事件发生,任务 L 正在运行,此时任务 L 开始使用某一共享资源 S,如图 6-1 中的①所示。在使用中,任务 H 等待事件到来,任务 H 转为就绪态,因为它的优先级比任务 L 的优先级高,所以立即执行,如图 6-1 中的②所示。当任务 H 要使用共享资源 S 时,由于其正在被任务 L 使用,因此任务 H 被挂起,任务 L 得以继续运行,如图 6-1 中的③所示。如果此时任务 M 等待事件到来,则任务 M 转为就绪态。由于任务 M 的优先级比任务 L 的优先级高,因此任务 M 开始运行,如图 6-1 中的④所示,直到任务 M 阻塞或运行完毕,任务 L 才开始继续运行,如图 6-1 中的⑤所示。直到任务 L 释放共享资源 S 后,任务 H 才得以执行,如图 6-1 中的⑥所示。在这种情况下,优先级发生了翻转,任务 M 先于任务 H 运行,任务执行顺序为 L→H→L→M→L→H,如果类似 M 这样的任务有很多的话,任务 H 的执行就会被无限推迟。

如果任务 H 的等待时间过长,那么对整个系统来说可能是致命的,应该尽可能降低高优先级任务的等待时间,互斥锁具有优先级继承机制,可以降低优先级翻转产生的危害。

如果使用互斥锁保护临界资源,那么就具有优先级继承特性。优先级继承是当任务 L 通过获取互斥锁正在使用共享资源 S 时,如图 6-2 中的①所示,任务 H 也要获取互斥锁访问该共享资源，如图 6-2 中的②所示，此时共享资源 S 正在被任务 L 使用，任务 H 比较任务 L 的优先级与自身的优先级，若任务 L 的优先级小于自身的优先级，则将任务 L 的优先级提升到自身的优先级，这样任务 L 的优先级暂时高于任务 M 的优先级，任务 L 继续执行，如图 6-2 中的③所示，即便任务 M 进入就绪态，如图 6-2 中的④所示，但因其优先级暂时低于任务 L 的优先级而不能运行，当任务 L 释放共享资源 S 后，再恢复任务 L 的原优先级。此时因为就绪队列中任务 H 的优先级高于任务 M 的优先级，所以先执行任务 H，如图 6-2 中的⑤所示，再执行任务 M，如图 6-2 中的⑥所示，使得原有的执行顺序变成了 L→H→L→H→M，使得高优先级的任务 H 能够得到最及时的响应。即便类似 M 的任务有很多，任务 H 也因为任务 M 没有阻挡任务 L 而能够很快执行。因此，任务 H 的阻塞时间仅仅是任务 L 的执行时间，此时的优先级翻转的危害降到了最低，这就是优先级继承的优势。

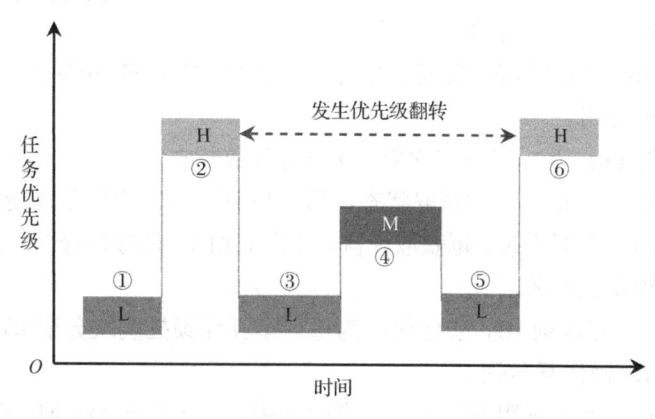

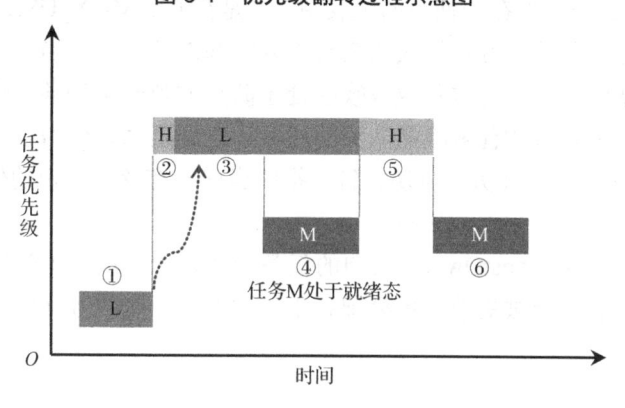

图 6-1　优先级翻转过程示意图

图 6-2　优先级继承示意图

6.3　互斥锁控制块

互斥锁控制块与信号量控制块类似，系统中每一个互斥锁都有对应的互斥锁控制块，互斥锁控制块记录了互斥锁的所有信息,定义在 LiteOS 源码目录下的"\kernel\base\include\los_mux.ph"文件中,其代码结构如下:

```
typedef struct
{
    UINT8           ucMuxStat;      /**< 互斥锁状态 */
    UINT16          usMuxCount;     /**< 互斥锁持有次数 */
    UINT32          ucMuxID;        /**< 互斥锁 ID */
    LOS_DL_LIST     stMuxList;      /**< 互斥锁阻塞列表 */
    LOS_TASK_CB     *pstOwner;      /**< 当前持有该互斥锁的任务 */
    UINT16          usPriority;     /**< 持有互斥锁的任务的初始优先级 */
} MUX_CB_S;
```

互斥锁控制块中包含信息的说明如下。

(1) ucMuxStat: 互斥锁状态,其状态有两个: OS_MUX_UNUSED 和 OS_MUX_USED,表示互斥锁是否被使用。

(2) usMuxCount: 互斥锁持有次数, 0 表示释放状态,表示互斥锁处于开锁状态,任务可以随时获取;非 0 表示被获取状态,只有持有互斥锁的任务才能释放它。同一个任务可多次获取同一个互斥锁,每获取一次,计数值加 1。任务每释放一次,计数值减 1,减到 0 表示互斥锁真正释放。

(3) ucMuxID: 互斥锁 ID,初始化时为每一个互斥锁控制块分配 ID,创建时返回给用户,用户通过 ID 操作互斥锁。

(4) stMuxList: 互斥锁阻塞列表,它有两个用途:一是在 OS_MUX_UNUSED 状态下,将 MUX_CB_S 结构链在未使用的链表中;二是在 OS_MUX_USED 状态下,用作互斥锁阻塞队列,链接因获取互斥锁失败需要进入阻塞态的任务,当互斥锁释放时从该队列依次唤醒被阻塞的任务,每次释放只唤醒处于队头的那一个任务。阻塞队列中有多个任务时,由上一次被唤醒的任务唤醒队头的任务,直到阻塞队列为空时为止。

(5) *pstOwner: 一个任务控制块指针,指向当前持有该互斥锁的任务,以便系统能够知道该互斥锁的所有权归哪个任务。

(6) usPriority: 保存 *pstOwner 指向的任务的初始优先级,该任务的优先级在解决优先级翻转问题时有可能被更改,此处保存下来主要用于释放互斥锁时恢复该任务的初始优先级。

6.4 互斥锁的常用函数

LiteOS 中互斥锁的常用函数及功能如表 6-1 所示。

表 6-1 LiteOS 中互斥锁的常用函数及功能

功能分类	函数名	功能
创建/删除互斥锁	LOS_MuxCreate	创建互斥锁
	LOS_MuxDelete	删除指定的互斥锁
获取/释放互斥锁	LOS_MuxPend	获取指定的互斥锁
	LOS_MuxPost	释放指定的互斥锁

6.4.1 互斥锁创建函数 LOS_MuxCreate()

LiteOS 提供互斥锁创建函数 LOS_MuxCreate()，该函数用于创建一个互斥锁，在创建互斥锁后，系统会返回互斥锁 ID，之后通过互斥锁 ID 对互斥锁进行操作，创建互斥锁之前，需要用户定义一个互斥锁 ID 变量，并将变量的地址传入 LOS_MuxCreate()函数。

LOS_MuxCreate()函数语法要点如表 6-2 所示。

表 6-2 LOS_MuxCreate()函数语法要点

函数原型	LITE_OS_SEC_TEXT_INIT UINT32 LOS_MuxCreate (UINT32 *puwMuxHandle)
函数传入值	*puwMuxHandle：用于接收创建成功的互斥锁的操作句柄，实际上是互斥锁 ID
函数返回值	LOS_OK：互斥锁创建成功 错误代码：出错

注意：因为新创建的互斥锁是没有被任何任务持有的，所以处于开锁状态。

6.4.2 互斥锁删除函数 LOS_MuxDelete()

互斥锁删除函数为 LOS_MuxDelete()，根据互斥锁 ID 将互斥锁删除，删除之后互斥锁将不能使用，其所有信息都会被系统收回。但需要注意的是，如果有任务持有互斥锁或者有任务阻塞在互斥锁上，此时，互斥锁是不能被删除的。

LOS_MuxDelete()函数语法要点如表 6-3 所示。

表 6-3 LOS_MuxDelete()函数语法要点

函数原型	LITE_OS_SEC_TEXT_INIT UINT32 LOS_MuxDelete(UINT32 uwMuxHandle)
函数传入值	uwMuxHandle：互斥锁 ID，表示要删除哪个互斥锁
函数返回值	LOS_OK：互斥锁删除成功 错误代码：出错

6.4.3 互斥锁释放函数 LOS_MuxPost()

任务要访问某个临界资源时，需要先获取互斥锁，然后才能访问该资源，在任务使用完该资源后，要及时释放互斥锁，其他任务才能获取互斥锁从而访问该资源。互斥锁释放函数为 LOS_MuxPost()，调用该函数时，若没有任务阻塞于指定的互斥锁，则无须释放，互斥锁处于开锁状态；若有任务阻塞于指定的互斥锁，则释放互斥锁，使互斥锁处于开锁状态，唤醒最早被阻塞的任务，该任务进入就绪态，并持有互斥锁，进行任务调度。

被释放前的互斥锁处于上锁状态,被释放后的互斥锁处于开锁状态,LOS_MuxPost()函数会将互斥锁控制块中 usMuxCount 变量减 1,若 usMuxCount 减 1 后不为 0,则说明该互斥锁被同一个任务获取了多次,需要多次释放才能真正释放互斥锁,每一次释放都是释放成功状态;若 usMuxCount 减 1 后等于 0,则真正释放该互斥锁。需要注意的是,只有已持有互斥锁所有权的任务才能释放锁。

LOS_MuxPost()函数释放互斥锁后,还要判断持有互斥锁的任务是否发生优先级继承,如果有的话,则将任务的优先级恢复到初始值。

LOS_MuxPost()函数语法要点如表 6-4 所示。

表 6-4　LOS_MuxPost()函数语法要点

函数原型	LITE_OS_SEC_TEXT UINT32 LOS_MuxPost(UINT32 uwMuxHandle)
函数传入值	uwMuxHandle:互斥锁 ID
函数返回值	LOS_OK:互斥锁释放成功 错误代码:出错

6.4.4　互斥锁获取函数 LOS_MuxPend()

与释放互斥锁对应的是获取互斥锁,互斥锁获取函数是 LOS_MuxPend(),当互斥锁处于开锁状态时,任务才能够获取互斥锁,当任务持有了某个互斥锁时,其他任务就无法获取这个互斥锁,需要等到持有互斥锁的任务释放后,其他任务才能获取,任务通过 LOS_MuxPend()函数获取互斥锁的所有权。任务对互斥锁的所有权是独占的,任意时刻互斥锁只能被一个任务持有,如果互斥锁处于开锁状态,那么获取该互斥锁的任务能够获得该互斥锁,并拥有互斥锁的使用权;如果互斥锁处于闭锁状态,那么获取该互斥锁的任务将无法获得互斥锁,任务将被挂起,在任务被挂起之前,会进行优先级继承,如果挂起的任务的优先级比持有互斥锁的任务的优先级高,那么将会临时提升持有互斥锁的任务的优先级,使其与挂起的任务的优先级相同。

LOS_MuxPend()函数语法要点如表 6-5 所示。

表 6-5　LOS_MuxPend()函数语法要点

函数原型	LITE_OS_SEC_TEXT UINT32 LOS_MuxPend(UINT32 uwMuxHandle, UINT32 uwTimeout)
函数传入值	uwMuxHandle:互斥锁 ID uwTimeout:获取超时时间,同时代表互斥锁的获取模式:0 表示无阻塞模式,LOS_WAIT_FOREVER 表示永久阻塞模式,其他值表示定时阻塞模式
函数返回值	LOS_OK:互斥锁获取成功 错误代码:出错

互斥锁有 3 种获取模式:无阻塞模式、永久阻塞模式和定时阻塞模式。

(1)无阻塞模式:任务需要获取互斥锁,若该互斥锁当前没有任务持有,或者持有该互斥锁的任务和获取该互斥锁的任务为同一个任务,则获取成功。

(2)永久阻塞模式:任务需要获取互斥锁,若该互斥锁当前没有被占用,则获取成功;否则,该任务进入阻塞态,系统切换到就绪任务中优先级最高者继续执行。任务进入阻塞态后,直到有其他任务释放该互斥锁,阻塞任务才会重新得以执行。

(3)定时阻塞模式:任务需要获取互斥锁,若该互斥锁当前没有被占用,则申请成功;否则,该任务进入阻塞态,系统切换到就绪任务中优先级最高者继续执行。任务进入阻塞态后,在指定时间超时前有其他任务释放该互斥锁,或者用户指定时间超时后,阻塞任务才会重新得以执行。

使用互斥锁时应注意以下几点。

(1)两个任务不能同时获取同一个互斥锁。如果某任务尝试获取已被持有的互斥锁,则该任务会被阻塞,直到持有该互斥锁的任务释放互斥锁。

(2)互斥锁不能在中断服务程序中使用。

(3)LiteOS 作为实时操作系统,需要保证任务调度的实时性,尽量避免任务的长时间阻塞,因此在获得互斥锁之后,应该尽快释放互斥锁。

(4)持有互斥锁的过程中,不得再调用 LOS_TaskPriSet()等函数更改持有互斥锁的任务的优先级。

(5)LiteOS 的优先级继承机制不能解决优先级翻转问题,只能将这种情况的影响降低到最小。

任务 6-1 信号量模拟优先级翻转

🎬 任务描述

在 LiteOS 中创建 3 个任务,分别是高优先级任务、中优先级任务、低优先级任务,再创建 1 个二值信号量,用于模拟产生优先级翻转。低优先级任务在获取信号量执行的时候,被中优先级任务打断,中优先级任务执行时间较长,因为低优先级任务还未释放信号量,那么高优先级任务就无法获得信号量而进入阻塞态,此时就发生了优先级翻转。

⏰ 任务实现

1. 添加头文件

打开第 2 章中移植好 LiteOS 的工程 TEST,修改 main.c 文件,添加头文件。

```
26 /* USER CODE BEGIN Includes */
27 /* LiteOS 头文件 */
28 #include "los_sys.h"
29 #include "los_task.ph"
30 #include "los_sem.h"
31 /* USER CODE END Includes */
```

2. 定义任务 ID 变量、二值信号量的 ID 变量

```
60  /* USER CODE BEGIN 0 */
61  /* 定义任务 ID 变量 */
62  UINT32 HighPriority_Task_Handle;
63  UINT32 MidPriority_Task_Handle;
64  UINT32 LowPriority_Task_Handle;
65  /* 定义二值信号量的 ID 变量 */
66  UINT32 BinarySem_Handle;
```

3. 创建和管理任务 HighPriority_Task、MidPriority_Task 和 LowPriority_Task

（1）定义任务实现函数 HighPriority_Task()、MidPriority_Task()和 LowPriority_Task()。

```
67  /************************************************************
68   * @ 函数名    : HighPriority_Task
69   * @ 功能说明  : HighPriority_Task 任务实现
70   * @ 参数      : 无
71   * @ 返回值    : 无
72   ***********************************************************/
73  static void HighPriority_Task(void)
74  {
75      //定义一个返回类型变量，初始化为 LOS_OK
76      UINT32 uwRet = LOS_OK;
77      /* 任务都是无限循环的, 不能返回 */
78      while(1)
79      {
80          //获取二值信号量, 若没获取到, 则一直等待
81          uwRet = LOS_SemPend( BinarySem_Handle , LOS_WAIT_FOREVER );
82          if (uwRet == LOS_OK)
83              printf("高优先级任务 HighPriority_Task 运行 \n");
84          HAL_GPIO_TogglePin(GPIOD,GPIO_PIN_5);
85          LOS_SemPost( BinarySem_Handle );
86          LOS_TaskDelay ( 1000 );                    /* 延时 1000Ticks */
87      }
88  }
89  /************************************************************
90   * @ 函数名    : MidPriority_Task
91   * @ 功能说明  : MidPriority_Task 任务实现
92   * @ 参数      : 无
93   * @ 返回值    : 无
94   ***********************************************************/
95  static void MidPriority_Task(void)
96  {
97      /* 任务都是无限循环的, 不能返回 */
```

```c
98  while(1)
99  {
100     printf("中优先级任务 MidPriority_Task 运行\n");
101     LOS_TaskDelay ( 1000 );                  /* 延时 1000Ticks */
102 }
103 }
104
105 /*****************************************************************
106  * @ 函数名   :  LowPriority_Task
107  * @ 功能说明 :  LowPriority_Task 任务实现
108  * @ 参数     :  无
109  * @ 返回值   :  无
110  ****************************************************************/
111 static void LowPriority_Task(void)
112 {
113     //定义一个返回类型变量，初始化为 LOS_OK
114     UINT32 uwRet = LOS_OK;
115     static uint32_t i;
116     /* 任务都是无限循环的，不能返回 */
117     while(1)
118     {
119         //获取二值信号量 BinarySem_Handle，若没获取到，则一直等待
120         uwRet = LOS_SemPend( BinarySem_Handle , LOS_WAIT_FOREVER );
121         if (uwRet == LOS_OK)
122             printf("低优先级任务 LowPriority_Task 运行\n");
123         HAL_GPIO_TogglePin(GPIOD,GPIO_PIN_4);
124         for(i=0;i<2000000;i++)//模拟低优先级任务占用信号量
125         {
126             //继续执行这个任务，不产生任务切换，延时 0Tick
127             LOS_TaskYield();
128         }
129         printf("低优先级任务 LowPriority_Task 释放信号量!\r\n");
130         LOS_SemPost( BinarySem_Handle );
131         LOS_TaskDelay ( 1000 );                /* 延时 1000Ticks */
132     }
133 }
```

（2）定义任务创建函数 Creat_HighPriority_Task()、Creat_MidPriority_Task()和 Creat_LowPriority_Task()。

```c
134 /*****************************************************************
135  * @ 函数名   :  Creat_HighPriority_Task
136  * @ 功能说明 :  创建 HighPriority_Task 任务
```

```
137  * @ 参数     ： 无
138  * @ 返回值   ： 无
139  **********************************************************/
140 static UINT32 Creat_HighPriority_Task()
141 {
142  //定义一个返回类型变量，初始化为LOS_OK
143  UINT32 uwRet = LOS_OK;
144  //定义一个用于创建任务的参数结构体
145  TSK_INIT_PARAM_S task_init_param;
146  task_init_param.usTaskPrio = 3; /* 任务优先级，数值越小，优先级越高 */
147  task_init_param.pcName = "HighPriority_Task";/* 任务名 */
148  task_init_param.pfnTaskEntry = (TSK_ENTRY_FUNC)HighPriority_Task;/* 任务函数入口 */
149  task_init_param.uwStackSize = 1024;     /* 堆栈大小 */
150  uwRet = LOS_TaskCreate(&HighPriority_Task_Handle, &task_init_param);/* 创建任务 */
151  return uwRet;
152 }
153 /**********************************************************
154  * @ 函数名   ： Creat_MidPriority_Task
155  * @ 功能说明 ： 创建MidPriority_Task任务
156  * @ 参数     ： 无
157  * @ 返回值   ： 无
158  **********************************************************/
159 static UINT32 Creat_MidPriority_Task()
160 {
161  //定义一个返回类型变量，初始化为LOS_OK
162  UINT32 uwRet = LOS_OK;
163  TSK_INIT_PARAM_S task_init_param;
164  task_init_param.usTaskPrio = 4; /* 任务优先级，数值越小，优先级越高 */
165  task_init_param.pcName = "MidPriority_Task";   /* 任务名 */
166  task_init_param.pfnTaskEntry = (TSK_ENTRY_FUNC)MidPriority_Task;/* 任务函数入口 */
167  task_init_param.uwStackSize = 1024; /* 堆栈大小 */
168  uwRet = LOS_TaskCreate(&MidPriority_Task_Handle, &task_init_param);/* 创建任务 */
169  return uwRet;
170 }
172 /**********************************************************
173  * @ 函数名   ： Creat_LowPriority_Task
174  * @ 功能说明 ： 创建LowPriority_Task任务
175  * @ 参数     ： 无
176  * @ 返回值   ： 无
```

```c
177  *****************************************************************/
178 static UINT32 Creat_LowPriority_Task()
179 {
180     //定义一个返回类型变量,初始化为LOS_OK
181     UINT32 uwRet = LOS_OK;
182     TSK_INIT_PARAM_S task_init_param;
183     task_init_param.usTaskPrio = 5;    /* 任务优先级,数值越小,优先级越高 */
184     task_init_param.pcName = "LowPriority_Task";    /* 任务名 */
185     task_init_param.pfnTaskEntry = (TSK_ENTRY_FUNC)LowPriority_Task;/* 任务函数入口 */
186     task_init_param.uwStackSize = 1024;   /* 堆栈大小 */
187     uwRet = LOS_TaskCreate(&LowPriority_Task_Handle, &task_init_param);/* 创建任务 */
188     return uwRet;
189 }
```

(3) 定义任务管理函数 AppTaskCreate()。

```c
190 /***************************************************************
191  * @ 函数名   : AppTaskCreate
192  * @ 功能说明 : 任务创建,为了方便管理,所有的任务创建函数都可以放在这个函数里面
193  * @ 参数     : 无
194  * @ 返回值   : 无
195  *****************************************************************/
196 static UINT32 AppTaskCreate(void)
197 {
198     /* 定义一个返回类型变量,初始化为LOS_OK */
199     UINT32 uwRet = LOS_OK;
200     /* 创建一个二值信号量 */
201     uwRet = LOS_BinarySemCreate(1,&BinarySem_Handle);
202     if (uwRet != LOS_OK)
203     {
204         printf("BinarySem 创建失败! 失败代码 0x%X\n",uwRet);
205     }
206     uwRet = Creat_HighPriority_Task();
207     if (uwRet != LOS_OK)
208     {
209         printf("HighPriority_Task 任务创建失败! 失败代码 0x%X\n",uwRet);
210         return uwRet;
211     }
212     uwRet = Creat_MidPriority_Task();
213     if (uwRet != LOS_OK)
214     {
215         printf("MidPriority_Task 任务创建失败! 失败代码 0x%X\n",uwRet);
```

```
216    return uwRet;
217 }
218 uwRet = Creat_LowPriority_Task();
219 if (uwRet != LOS_OK)
220 {
221    printf("LowPriority_Task 任务创建失败！失败代码 0x%X\n",uwRet);
222    return uwRet;
223 }
224 return LOS_OK;
225 }
226 /* USER CODE END 0 */
```

4. 在主函数中修改代码

```
232 int main(void)
233 {
234   /* USER CODE BEGIN 1 */
235   UINT32 uwRet = LOS_OK;   //定义一个返回类型变量，初始化为 LOS_OK
236   /* USER CODE END 1 */
237   /* MCU Configuration----------------------------------------*/
238   /* Reset of all peripherals, Initializes the Flash interface and the Systick. */
239   HAL_Init();
240   /* Configure the system clock */
241   SystemClock_Config();
242   /* Initialize all configured peripherals */
243   MX_GPIO_Init();
244   MX_USART1_UART_Init();
245   MX_USART2_UART_Init();
246   MX_USART3_UART_Init();
247   /* LiteOS 内核初始化 */
248   uwRet = LOS_KernelInit();
249    if (uwRet != LOS_OK)
250   {
251      printf("LiteOS 内核初始化失败！失败代码 0x%X\n",uwRet);
252      return LOS_NOK;
253   }
254   printf("任务 6-1 信号量模拟优先级翻转！\n\n");
255   uwRet = AppTaskCreate();
256   if (uwRet != LOS_OK)
257   {
258      printf("AppTaskCreate 创建任务失败！失败代码 0x%X\n",uwRet);
259      return LOS_NOK;
260   }
```

```
261    /* 开启 LiteOS 任务调度 */
262    LOS_Start();
263    /* Infinite loop */
264    while (1)
265    {
266    }
267 }
```

5. 添加串口发送函数

```
326 /* USER CODE BEGIN 4 */
327 int fputc(int ch, FILE *f)
328 {
329   HAL_UART_Transmit(&huart3, (uint8_t *)&ch, 1, 0xFFFF);
330   return ch;
331 }
332 /* USER CODE END 4 */
```

6. 查看运行结果

编译并下载程序到开发板中。打开串口调试助手，按下开发板上的 RST（复位）键，运行结果如图 6-3 所示，由运行结果可以看出，高优先级任务在等待低优先级任务运行完毕才能获得信号量继续运行，在此期间，中优先级的任务一直能得到运行。

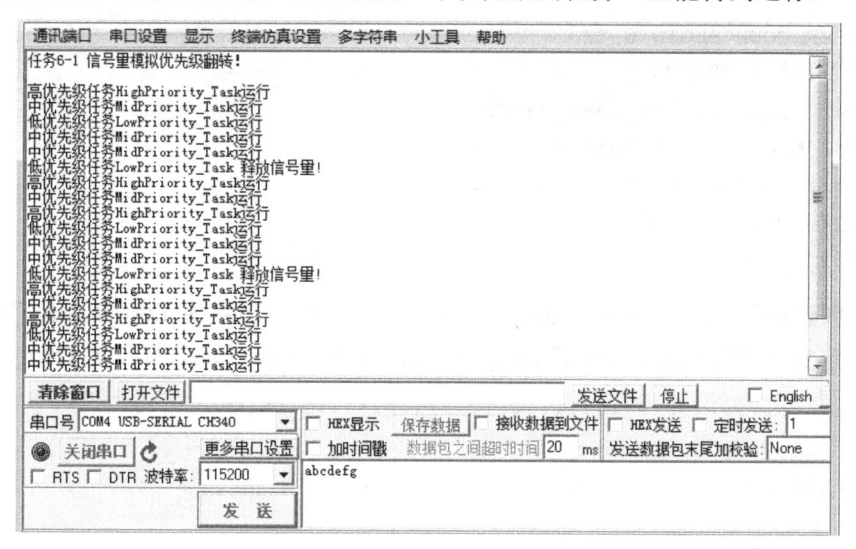

图 6-3 任务 6-1 运行结果

说明：

第 127 行：LOS_TaskYield( ) 函数的主要功能是调度与当前任务同优先级的任务，若没有与当前任务同优先级的任务，则 CPU 继续执行这个任务，不产生任务切换，延时 0Tick；若有与当前任务同优先级的任务，则 CPU 会依次调度这些任务，这时的延时就无法确定了。

任务 6-2　测试互斥锁优先级继承机制

🎯 任务描述

将任务 6-1 中的二值信号量改为互斥锁，测试互斥锁优先级继承机制。

⏰ 任务实现

1. 添加头文件

打开第 2 章中移植好 LiteOS 的工程 TEST，修改 main.c 文件，添加头文件。

```
26 /* USER CODE BEGIN Includes */
27 /* LiteOS 头文件 */
28 #include "los_sys.h"
29 #include "los_task.ph"
30 #include "los_mux.h"
31 /* USER CODE END Includes */
```

2. 定义任务 ID 变量、互斥锁的 ID 变量

```
60 /* USER CODE BEGIN 0 */
61 /* 定义任务ID变量 */
62 UINT32 HighPriority_Task_Handle;
63 UINT32 MidPriority_Task_Handle;
64 UINT32 LowPriority_Task_Handle;
65 /* 定义互斥锁的ID变量 */
66 UINT32 Mutex_Handle;
```

3. 创建和管理任务 HighPriority_Task、MidPriority_Task 和 LowPriority_Task

（1）定义任务实现函数 HighPriority_Task()、MidPriority_Task()和 LowPriority_Task()。

```
67 /*************************************************************
68  * @ 函数名   : HighPriority_Task
69  * @ 功能说明 : HighPriority_Task任务实现
70  * @ 参数    : 无
71  * @ 返回值   : 无
72  *************************************************************/
73 static void HighPriority_Task(void)
74 {
75   //定义一个返回类型变量，初始化为LOS_OK
76   UINT32 uwRet = LOS_OK;
77   /* 任务都是无限循环的，不能返回 */
```

```c
78  while(1)
79  {
80      //获取互斥锁,若没获取到,则一直等待
81      uwRet = LOS_MuxPend( Mutex_Handle , LOS_WAIT_FOREVER );
82      if (uwRet == LOS_OK)
83      printf("高优先级任务HighPriority_Task运行 \n");
84      HAL_GPIO_TogglePin(GPIOD,GPIO_PIN_5);
85      LOS_MuxPost( Mutex_Handle );
86      LOS_TaskDelay ( 1000 );              /* 延时1000Ticks */
87  }
88  }
89 /*****************************************************
90  * @ 函数名  : MidPriority_Task
91  * @ 功能说明: MidPriority_Task任务实现
92  * @ 参数    : 无
93  * @ 返回值  : 无
94  *****************************************************/
95 static void MidPriority_Task(void)
96 {
97 /* 任务都是无限循环的,不能返回 */
98 while(1)
99 {
100     printf("中优先级任务MidPriority_Task运行\n");
101     LOS_TaskDelay ( 1000 );              /* 延时1000Ticks */
102 }
103}
105/*****************************************************
106 * @ 函数名  : LowPriority_Task
107 * @ 功能说明: LowPriority_Task任务实现
108 * @ 参数    : 无
109 * @ 返回值  : 无
110 *****************************************************/
111static void LowPriority_Task(void)
112{
113 //定义一个返回类型变量,初始化为LOS_OK
114 UINT32 uwRet = LOS_OK;
115 /* 任务都是无限循环的,不能返回 */
116 while(1)
117 {
118     //获取互斥锁,若没获取到,则一直等待
119     uwRet = LOS_MuxPend( Mutex_Handle , LOS_WAIT_FOREVER );
120     static uint32_t i;
121     if (uwRet == LOS_OK)
```

```
122     printf("低优先级任务 LowPriority_Task 运行\n");
123     HAL_GPIO_TogglePin(GPIOD,GPIO_PIN_4);
124     for(i=0;i<2000000;i++)//模拟低优先级任务占用互斥锁
125     {
126         LOS_TaskYield();
127     }
128     printf("低优先级任务 LowPriority_Task 释放互斥锁!\r\n");
129     LOS_MuxPost( Mutex_Handle );
130     LOS_TaskDelay ( 1000 );                /* 延时1000Ticks */
131 }
132 }
```

（2）定义任务创建函数 Creat_HighPriority_Task、Creat_MidPriority_Task 和 Creat_LowPriority_Task。

```
133/***************************************************************
134 * @ 函数名    ：  Creat_HighPriority_Task
135 * @ 功能说明 ：创建 HighPriority_Task 任务
136 * @ 参数      ：  无
137 * @ 返回值    ：  无
138 ***************************************************************/
139 static UINT32 Creat_HighPriority_Task()
140 {
141 //定义一个返回类型变量，初始化为 LOS_OK
142 UINT32 uwRet = LOS_OK;
143 //定义一个用于创建任务的参数结构体
144 TSK_INIT_PARAM_S task_init_param;
145 task_init_param.usTaskPrio = 3; /* 任务优先级，数值越小，优先级越高 */
146 task_init_param.pcName = "HighPriority_Task";/* 任务名 */
147 task_init_param.pfnTaskEntry = (TSK_ENTRY_FUNC)HighPriority_Task;/* 任务函数入口 */
148 task_init_param.uwStackSize = 1024;      /* 堆栈大小 */
149 uwRet = LOS_TaskCreate(&HighPriority_Task_Handle, &task_init_param);/* 创建任务 */
150 return uwRet;
151 }
152/***************************************************************
153 * @ 函数名    ：  Creat_MidPriority_Task
154 * @ 功能说明 ：创建 MidPriority_Task 任务
155 * @ 参数      ：  无
156 * @ 返回值    ：  无
157 ***************************************************************/
158 static UINT32 Creat_MidPriority_Task()
```

```c
159 {
160     //定义一个返回类型变量,初始化为LOS_OK
161     UINT32 uwRet = LOS_OK;
162     TSK_INIT_PARAM_S task_init_param;
163     task_init_param.usTaskPrio = 4; /* 任务优先级,数值越小,优先级越高 */
164     task_init_param.pcName = "MidPriority_Task";    /* 任务名 */
165     task_init_param.pfnTaskEntry = (TSK_ENTRY_FUNC)MidPriority_Task;/* 任务函数入口 */
166     task_init_param.uwStackSize = 1024; /* 堆栈大小 */
167     uwRet = LOS_TaskCreate(&MidPriority_Task_Handle, &task_init_param);/* 创建任务 */
168     return uwRet;
169 }

171 /*************************************************************
172  * @ 函数名  : Creat_LowPriority_Task
173  * @ 功能说明: 创建LowPriority_Task任务
174  * @ 参数    : 无
175  * @ 返回值  : 无
176  *************************************************************/
177 static UINT32 Creat_LowPriority_Task()
178 {
179     //定义一个返回类型变量,初始化为LOS_OK
180     UINT32 uwRet = LOS_OK;
181     TSK_INIT_PARAM_S task_init_param;
182     task_init_param.usTaskPrio = 5; /* 任务优先级,数值越小,优先级越高 */
183     task_init_param.pcName = "LowPriority_Task";    /* 任务名 */
184     task_init_param.pfnTaskEntry = (TSK_ENTRY_FUNC)LowPriority_Task;/* 任务函数入口 */
185     task_init_param.uwStackSize = 1024; /* 堆栈大小 */
186     uwRet = LOS_TaskCreate(&LowPriority_Task_Handle, &task_init_param);/* 创建任务 */
187     return uwRet;
188 }
```

(3) 定义任务管理函数 AppTaskCreate()。

```c
189 /*************************************************************
190  * @ 函数名  : AppTaskCreate
191  * @ 功能说明: 任务创建,为了方便管理,所有的任务创建函数都可以放在这个函数里面
192  * @ 参数    : 无
193  * @ 返回值  : 无
194  *************************************************************/
195 static UINT32 AppTaskCreate(void)
196 {
```

```
197 /* 定义一个返回类型变量,初始化为 LOS_OK */
198 UINT32 uwRet = LOS_OK;
199 /* 创建一个互斥锁 */
200 uwRet = LOS_MuxCreate(&Mutex_Handle);
201 if (uwRet != LOS_OK)
202 {
203     printf("BinarySem 创建失败!失败代码 0x%X\n",uwRet);
204 }
205 uwRet = Creat_HighPriority_Task();
206 if (uwRet != LOS_OK)
207 {
208     printf("HighPriority_Task 任务创建失败!失败代码 0x%X\n",uwRet);
209     return uwRet;
210 }
211 uwRet = Creat_MidPriority_Task();
212 if (uwRet != LOS_OK)
213 {
214     printf("MidPriority_Task 任务创建失败!失败代码 0x%X\n",uwRet);
215     return uwRet;
216 }
217 uwRet = Creat_LowPriority_Task();
218 if (uwRet != LOS_OK)
219 {
220     printf("LowPriority_Task 任务创建失败!失败代码 0x%X\n",uwRet);
221     return uwRet;
222 }
223 return LOS_OK;
224 }
225 /* USER CODE END 0 */
```

4. 在主函数中修改代码

```
231 int main(void)
232 {
233   /* USER CODE BEGIN 1 */
234   UINT32 uwRet = LOS_OK;    //定义一个返回类型变量,初始化为 LOS_OK
235   /* USER CODE END 1 */
236   /* MCU Configuration--------------------------------------*/
237   /* Reset of all peripherals, Initializes the Flash interface and the Systick. */
238   HAL_Init();
239   /* Configure the system clock */
240   SystemClock_Config();
241   /* Initialize all configured peripherals */
```

```
242    MX_GPIO_Init();
243    MX_USART1_UART_Init();
244    MX_USART2_UART_Init();
245    MX_USART3_UART_Init();
246    /* LiteOS 内核初始化 */
247    uwRet = LOS_KernelInit();
248    if (uwRet != LOS_OK)
249    {
250        printf("LiteOS 内核初始化失败！失败代码 0x%X\n",uwRet);
251        return LOS_NOK;
252    }
253  printf("任务 6-2 测试互斥锁优先级继承机制！\n\n");
254  uwRet = AppTaskCreate();
255  if (uwRet != LOS_OK)
256  {
257      printf("AppTaskCreate 创建任务失败！失败代码 0x%X\n",uwRet);
258      return LOS_NOK;
259  }
260    /* 开启 LiteOS 任务调度 */
261    LOS_Start();
262    /* Infinite loop */
263    while (1)
264    {
265  }
266}
```

5. 添加串口发送函数

```
325/* USER CODE BEGIN 4 */
326int fputc(int ch, FILE *f)
327{
328   HAL_UART_Transmit(&huart3, (uint8_t *)&ch, 1, 0xFFFF);
329   return ch;
330}
331/* USER CODE END 4 */
```

6. 查看运行结果

编译并下载程序到开发板中。打开串口调试助手，按下开发板上的 RST（复位）键，运行结果如图 6-4 所示。由运行结果可以看出，在低优先级任务运行时，中优先级任务无法抢占低优先级任务，这是因为互斥锁的优先级继承机制，从而最大限度地降低了优先级翻转产生的危害。

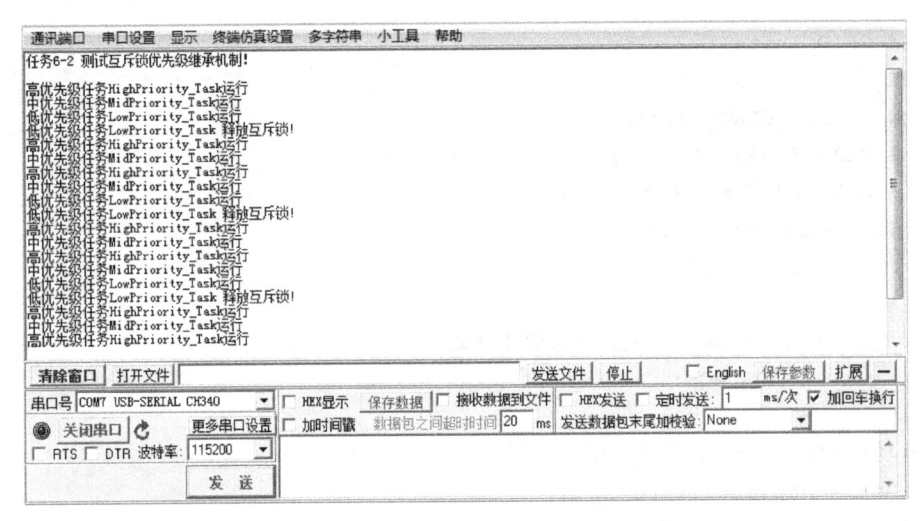

图 6-4 任务 6-2 运行结果

第 7 章

事件

前面我们学习了信号量、互斥锁,本章将学习 LiteOS 提供的另一种任务间通信的机制——事件。可以使用事件进行同步并实现阻塞机制,信号量用于与单个任务进行同步,事件可以实现一对多、多对多的同步处理。

学习目标

- 能够描述事件的基本概念;
- 能够说出事件的运行机制;
- 能够熟练使用 LiteOS 中事件的相关函数。

7.1 事件的基本概念

事件是一种实现任务间通信的机制,主要用于实现多任务间的同步,但事件通信只能是事件类型的通信,无数据传输。

在事件机制中,任务可以等待特定的事件发生后继续执行,而在此之前会一直处于阻塞态。一个任务可以等待一个事件的发生,也可以等待任意多个事件的发生。任务等待多个事件时,其中任何一个事件发生,任务立即被同步唤醒,这种同步机制称为"或"同步(独立型同步);所有事件都发生时,任务才被同步唤醒,这种同步机制称为"与"同步(关联型同步)。多个任务也可以等待一个或多个事件的触发,实现多对多的同步。

7.2 事件控制块

事件控制块存储了一个事件的相关信息，系统都是通过事件控制块对事件进行操作的，事件控制块中包含了一个 32 位的 uwEventID 变量，其变量的各个位表示一个事件，此外，还存在一个事件链表 stEventList，用于记录所有在等待此事件的任务，事件控制块定义在 LiteOS 源码目录下的"\kernel\base\include\los_event.ph"文件中，其代码结构如下：

```
typedef struct tagEvent
{
   UINT32    uwEventID;
   LOS_DL_LIST stEventList;
} EVENT_CB_S, *PEVENT_CB_S;
```

事件控制块中包含信息的说明如下。

（1）uwEventID：标识发生的事件类型位，每一位代表一种事件类型，第 25 位保留，一共 31 种事件类型。初始化为 0，表示没有事件发生，当有事件发生时，对应的事件标志位置 1。

（2）stEventList：读取事件任务链表，也就是等待事件阻塞队列，当有任务需要等待事件发生时会被阻塞进入该队列。

7.3 事件的运行机制

事件控制块中 32 位的 uwEventID 变量，也可以称为事件集合，如图 7-1 所示。任务/中断可以写入指定的事件类型（事件掩码），设置事件集合的某些位为 1，表示有事件发生。系统支持写入多个事件类型，写事件成功可能会触发任务调度。

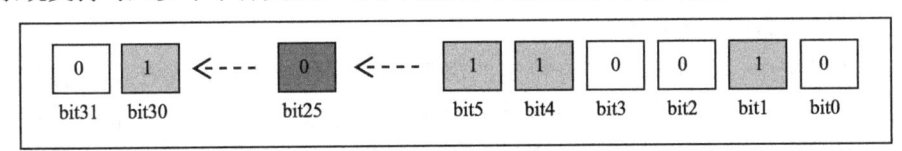

0	1	<---	0	<---	1	1	0	0	1	0
bit31	bit30		bit25		bit5	bit4	bit3	bit2	bit1	bit0

图 7-1　32 位的 uwEventID 变量

任务可以根据事件类型（事件掩码）uwEventMask 读取单个或者多个事件，事件读取成功后，若读取模式设置为 LOS_WAITMODE_CLR，则会清除已读取到的事件类型；反之，不会清除已读取到的事件类型。用户可以选择读取事件的模式，读取事件类型中的所有事件或是任意事件。若没有事件发生，则读取任务将进入阻塞态；若等待的事件发生了，则任务被唤醒。

清除事件时，根据事件控制块指针和待清除的事件类型，对事件对应位进行清零操作。

例如，任务1对事件1或事件2感兴趣（逻辑或 LOS_WAITMODE_OR，假设在读指定事件函数中设置了清除事件位 LOS_WAITMODE_CLR，当任务被唤醒后，系统会把事件1的位清零），当发生其中的某一个事件时，任务1都会被唤醒，并且执行相应操作，过程如图7-2所示；而任务2对事件1与事件2感兴趣（逻辑与 LOS_WAITMODE_AND），当且仅当事件1与事件2都发生时，任务2才会被唤醒，如果只有其中一个事件发生，那么任务2还是会继续等待事件发生，过程如图7-3所示。

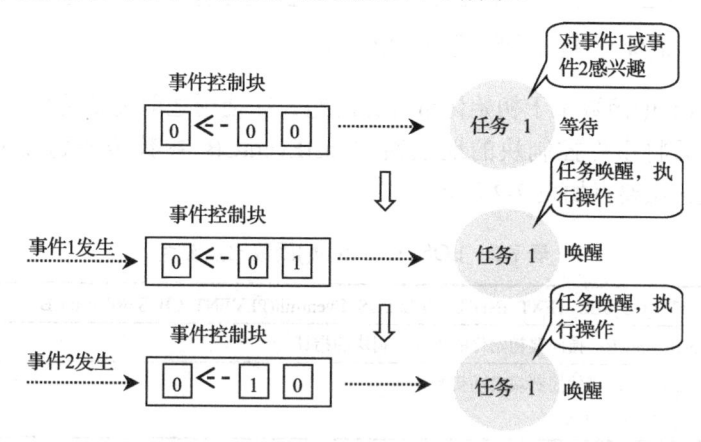

图7-2 逻辑或事件唤醒任务的过程

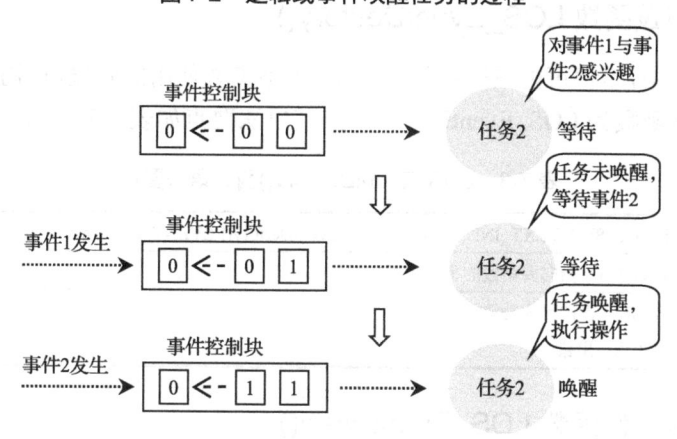

图7-3 逻辑与事件唤醒任务的过程

7.4 事件的常用函数

LiteOS 中事件的常用函数及功能如表7-1所示。

表 7-1　LiteOS 中事件的常用函数及功能

功能分类	函数名	功能
初始化事件	LOS_EventInit	初始化一个事件控制块
读/写事件	LOS_EventRead	读取指定事件类型，超时时间为相对时间，单位为 Tick
	LOS_EventWrite	写入指定的事件类型
清除事件	LOS_EventClear	清除指定的事件类型
校验事件掩码	LOS_EventPoll	根据用户传入的事件 ID、事件掩码及读取模式，判断用户传入的事件是否发生。返回值为 0 时，表示用户预期的事件没有发生，否则表示用户预期的事件发生
销毁事件	LOS_EventDestory	销毁指定的事件控制块

7.4.1　事件初始化函数 LOS_EventInit()

LOS_EventInit()函数用于初始化事件标志组，在使用之前需要用户定义一个事件控制块结构，然后将事件控制块的地址通过 pstEventCB 参数传递到该函数中。LOS_EventInit()函数语法要点如表 7-2 所示。

表 7-2　LOS_EventInit()函数语法要点

函数原型	LITE_OS_SEC_TEXT_INIT UINT32 LOS_EventInit(PEVENT_CB_S pstEventCB)
函数传入值	pstEventCB：指向要初始化的事件控制块的指针
函数返回值	LOS_OK：事件控制块成功初始化 错误代码：出错

7.4.2　事件销毁函数 LOS_EventDestory()

在实际应用中，事件可能只需要使用一次，当不需要使用的时候，可销毁事件。LiteOS 提供的事件销毁函数为 LOS_EventDestory()，其语法要点如表 7-3 所示。

表 7-3　LOS_EventDestory()函数语法要点

函数原型	LITE_OS_SEC_TEXT_INIT UINT32 LOS_EventDestory(PEVENT_CB_S pstEventCB)
函数传入值	pstEventCB：指向要销毁的事件控制块的指针
函数返回值	LOS_OK：事件已成功清除 错误代码：出错

7.4.3　写指定事件函数 LOS_EventWrite()

LOS_EventWrite()函数用于写入事件中指定的位，当某一类型的事件发生时，将该事件发生的标志填入相应的标志位，被置位之后，阻塞在该位上的任务将会被解锁。多次填入同一个标志位相当于只填入了一次，即该事件在没有被清除的状况下，多次发生相当于只发生了一次。

当有多个事件发生时，使用 LOS_EventWrite()函数为每个事件设置对应的标志位，然后遍历阻塞在事件列表上的任务，判断是否满足任务唤醒条件，若满足，则唤醒该任务。需要注意的是，uwEventID 的第 25 位是 LiteOS 保留出来的，用于区别读指定事件函数返回的是事件还是错误代码。

如果想要记录一个事件的发生，那么这个事件在事件集合的位置是 bit0，当事件还未发生时，事件集合中 bit0 位为 0，当事件发生时，只需要往事件集合中 bit0 位写入 1，就表示该事件已经发生了。LOS_EventWrite()函数语法要点如表 7-4 所示。

表 7-4　LOS_EventWrite()函数语法要点

函数原型	LITE_OS_SEC_TEXT UINT32 LOS_EventWrite(PEVENT_CB_S pstEventCB, UINT32 uwEvents)
函数传入值	pstEventCB：指向要写入事件的事件控制块的指针。此参数必须指向有效内存
	uwEvents：要写入的事件掩码
函数返回值	LOS_OK：成功写入事件
	错误代码：出错

7.4.4　读指定事件函数 LOS_EventRead()

LiteOS 提供的读指定事件函数为 LOS_EventRead()，可以通过逻辑与、逻辑或等操作，判断是否发生用户预期的事件。只有任务等待的事件发生时，任务才能读取到事件信息。若事件一直没发生，则该任务将保持阻塞态，以等待事件的发生。当其他任务或中断服务程序往任务等待的事件设置对应的标志位时，并且满足读取事件的条件，该任务将自动由阻塞态转为就绪态。若任务阻塞时间超时，则即使事件还未发生，任务也会自动恢复为就绪态。若正确读取事件，则返回非零值，由用户判断再做处理，因为在读取事件时可能会返回不确定的值；若阻塞时间超时，则将返回错误代码。

LOS_EventRead()函数语法要点如表 7-5 所示。

表 7-5　LOS_EventRead()函数语法要点

函数原型	LITE_OS_SEC_TEXT UINT32 LOS_EventRead(PEVENT_CB_S pstEventCB, UINT32 uwEventMask, UINT32 uwMode, UINT32 uwTimeOut)
函数传入值	pstEventCB：指向要检查的事件控制块的指针。此参数必须指向有效内存
	uwEventMask：用户要读取的事件掩码，它要与 uwEventID 中所设置的相匹配
	uwMode：事件读取模式，可选值如下。
	（1）所有事件（LOS_WAITMODE_AND）：读取掩码中所有事件类型，只有读取的所有事件类型都发生了，才能读取成功。
	（2）任一事件（LOS_WAITMODE_OR）：读取掩码中任一事件类型，读取的事件中任意一种事件类型发生了，就可以读取成功。
	（3）清除事件（LOS_WAITMODE_CLR）：LOS_WAITMODE_AND| LOS_WAITMODE_CLR 或 LOS_WAITMODE_OR| LOS_WAITMODE_CLR 表示读取成功后，对应事件类型位会自动清除。如果模式没有设置为自动清除，那么需要手动显式清除
	uwTimeOut：读取超时时间
函数返回值	0：未发生用户预期的事件
	非 0：发生用户预期的事件
	错误代码：出错

7.4.5 清除指定事件函数 LOS_EventClear()

假如使用 LOS_EventRead() 函数获取事件时, 在参数 uwMode 中没有设置 LOS_WAITMODE_CLR, 即没有将对应的标志位清除, 那么就需要调用 LOS_EventClear() 函数手动显式清除事件标志。

LOS_EventClear() 函数语法要点如表 7-6 所示。

表 7-6 LOS_EventClear() 函数语法要点

函数原型	LITE_OS_SEC_TEXT_MINOR UINT32 LOS_EventClear(PEVENT_CB_S pstEventCB, UINT32 uwEvents)
函数传入值	pstEventCB: 指向要清除的事件控制块的指针
	uwEvents: 要清除的事件掩码
函数返回值	LOS_OK: 成功清除事件
	错误代码: 出错

任务　发送和接收事件

任务描述

在 LiteOS 中创建两个任务 LED_Task 和 Key_Task, LED_Task 是一个读事件任务, Key_Task 是一个写事件任务。写事件任务通过检测 KEY1 和 KEY2 的按下情况, 写入相应事件。读事件任务读取事件标志位, 并判断事件是否发生了, 若 KEY1 写入的事件发生, 则 LED1 翻转; 若 KEY2 写入的事件发生, 则 LED2 翻转, 并在串口输出相应信息。

任务实现

1. 添加头文件

打开第 2 章中移植好 LiteOS 的工程 TEST, 修改 main.c 文件, 添加头文件。

```
26 /* USER CODE BEGIN Includes */
27 /* LiteOS 头文件 */
28 #include "los_sys.h"
29 #include "los_task.ph"
30 /* USER CODE END Includes */
```

2. 定义任务 ID 变量、事件标志组的控制块、事件掩码

```
59 /* USER CODE BEGIN 0 */
60 /* 定义任务 ID 变量 */
61 UINT32 LED_Task_Handle;
62 UINT32 Key_Task_Handle;
```

```c
63 /* 定义事件标志组的控制块 */
64 static EVENT_CB_S EventGroup_CB;
65 /****************** 宏定义 ********************/
66 #define KEY1_EVENT    (0x01 << 0)//设置事件掩码的位 0
67 #define KEY2_EVENT    (0x01 << 1)//设置事件掩码的位 1
```

3. 创建和管理任务 LED_Task、Key_Task

(1) 定义任务实现函数 LED_Task()、Key_Task()。

```c
68 /*************************************************************
69  * @ 函数名   : LED_Task
70  * @ 功能说明 : LED_Task 任务实现
71  * @ 参数     : 无
72  * @ 返回值   : 无
73  *************************************************************/
74 static void LED_Task(void)
75 {
76   //定义一个事件接收变量
77   UINT32 uwRet;
78   /* 任务都是无限循环的,不能返回 */
79   while(1)
80   {
81     /* 等待事件标志组 */
82     uwRet = LOS_EventRead(  &EventGroup_CB,  //事件标志组对象
83                       KEY1_EVENT|KEY2_EVENT,   //等待任务感兴趣的事件
84                       LOS_WAITMODE_OR,         //等待任一位被置位
85                       LOS_WAIT_FOREVER );      //无期限等待
86     printf ( "uwRet=%x\n",uwRet);
87     if(uwRet == KEY1_EVENT)
88     {
89       /* 如果接收完成并且正确 */
90       printf ( "KEY1 按下,LED1 翻转\n");
91       HAL_GPIO_TogglePin(GPIOD,GPIO_PIN_5);    //LED1 翻转
92       LOS_EventClear(&EventGroup_CB, ~KEY1_EVENT);//清除事件标志
93     }
94     if(uwRet == KEY2_EVENT)
95     {
96       /* 如果接收完成并且正确 */
97       printf ( "KEY2 按下,LED2 翻转\n");
98       HAL_GPIO_TogglePin(GPIOD,GPIO_PIN_4);    //LED2 翻转
99       LOS_EventClear(&EventGroup_CB, ~KEY2_EVENT);//清除事件标志
100    }
101  }
102 }
103 /*************************************************************
```

```
104  * @ 函数名    : Key_Task
105  * @ 功能说明  : Key_Task 任务实现
106  * @ 参数      : 无
107  * @ 返回值    : 无
108  ***************************************************************/
109 static void Key_Task(void)
110 {
111  /* 任务都是无限循环的,不能返回 */
112  while(1)
113  {
114      /* KEY1 被按下 */
115      if( !HAL_GPIO_ReadPin(GPIOA,GPIO_PIN_4))  //读取KEY1引脚,低电平表示按下
116      {
117       printf ( "KEY1 被按下\n" );
118          LOS_TaskDelay(500);      //等待松手,延时防松手抖动
119          /* 触发一个事件 1 */
120          LOS_EventWrite(&EventGroup_CB,KEY1_EVENT);
121      }
122      /* KEY2 被按下 */
123      if( !HAL_GPIO_ReadPin(GPIOA,GPIO_PIN_5))
124      {
125       printf ( "KEY2 被按下\n" );
126          LOS_TaskDelay(500);      //等待松手,延时防松手抖动
127          /* 触发一个事件 2 */
128          LOS_EventWrite(&EventGroup_CB,KEY2_EVENT);
129      }
130      LOS_TaskDelay(20);      //每 20ms 扫描一次
131  }
132 }
```

(2) 定义任务创建函数 Creat_LED_Task()、Creat_Key_Task()。

```
135 /***************************************************************
136  * @ 函数名    : Creat_LED_Task
137  * @ 功能说明  : 创建 LED_Task 任务
138  * @ 参数      : 无
139  * @ 返回值    : 无
140  ***************************************************************/
141 static UINT32 Creat_LED_Task()
142 {
143  //定义一个返回类型变量,初始化为 LOS_OK
144  UINT32 uwRet = LOS_OK;
145  //定义一个用于创建任务的参数结构体
```

```
146 TSK_INIT_PARAM_S task_init_param;
147 task_init_param.usTaskPrio = 5; /* 任务优先级,数值越小,优先级越高 */
148 task_init_param.pcName = "LED_Task";/* 任务名 */
149 task_init_param.pfnTaskEntry = (TSK_ENTRY_FUNC)LED_Task;/* 任务函数入口 */
150 task_init_param.uwStackSize = 1024;      /* 堆栈大小 */
151 uwRet = LOS_TaskCreate(&LED_Task_Handle, &task_init_param);/* 创建任务 */
152 return uwRet;
153 }
154 /***************************************************************
155  * @ 函数名  : Creat_Key_Task
156  * @ 功能说明: 创建Key_Task任务
157  * @ 参数    : 无
158  * @ 返回值  : 无
159  ***************************************************************/
160 static UINT32 Creat_Key_Task()
161 {
162 //定义一个返回类型变量,初始化为LOS_OK
163 UINT32 uwRet = LOS_OK;
164 TSK_INIT_PARAM_S task_init_param;
165 task_init_param.usTaskPrio = 4; /* 任务优先级,数值越小,优先级越高 */
166 task_init_param.pcName = "Key_Task";      /* 任务名 */
167 task_init_param.pfnTaskEntry = (TSK_ENTRY_FUNC)Key_Task;/* 任务函数入口 */
168 task_init_param.uwStackSize = 1024; /* 堆栈大小 */
169 uwRet = LOS_TaskCreate(&Key_Task_Handle, &task_init_param);/* 创建任务 */
170 return uwRet;
171 }
```

(3) 定义任务管理函数 AppTaskCreate()。

```
172 /***************************************************************
173  * @ 函数名  : AppTaskCreate
174  * @ 功能说明: 任务创建,为了方便管理,所有的任务创建函数都可以放在这个函数里面
175  * @ 参数    : 无
176  * @ 返回值  : 无
177  ***************************************************************/
178 static UINT32 AppTaskCreate(void)
179 {
180 /* 定义一个返回类型变量,初始化为LOS_OK */
181 UINT32 uwRet = LOS_OK;
182 /* 创建一个事件标志组 */
183 uwRet = LOS_EventInit(&EventGroup_CB);
184 if (uwRet != LOS_OK)
185 {
186     printf("EventGroup_CB 事件标志组创建失败!失败代码 0x%X\n",uwRet);
187 }
```

```
188 uwRet = Creat_LED_Task();
189 if (uwRet != LOS_OK)
190 {
191     printf("LED_Task任务创建失败！失败代码0x%X\n",uwRet);
192     return uwRet;
193 }
194 uwRet = Creat_Key_Task();
195 if (uwRet != LOS_OK)
196 {
197     printf("Key_Task任务创建失败！失败代码0x%X\n",uwRet);
198     return uwRet;
199 }
200 return LOS_OK;
201 }
202 /* USER CODE END 0 */
```

4. 在主函数中修改代码

```
208 int main(void)
209 {
210 /* USER CODE BEGIN 1 */
211 UINT32 uwRet = LOS_OK;    //定义一个返回类型变量，初始化为LOS_OK
212 /* USER CODE END 1 */
213 /* MCU Configuration----------------------------------*/
214 /* Reset of all peripherals, Initializes the Flash interface and the Systick. */
215 HAL_Init();
216 /* Configure the system clock */
217 SystemClock_Config();
218 /* Initialize all configured peripherals */
219 MX_GPIO_Init();
220 MX_USART1_UART_Init();
221 MX_USART2_UART_Init();
222 MX_USART3_UART_Init();
223 /* LiteOS 内核初始化 */
224 uwRet = LOS_KernelInit();
225   if (uwRet != LOS_OK)
226 {
227     printf("LiteOS内核初始化失败！失败代码0x%X\n",uwRet);
228     return LOS_NOK;
229 }
230 printf("任务 发送和接收事件！\n\n");
231 uwRet = AppTaskCreate();
232 if (uwRet != LOS_OK)
```

```
233 {
234     printf("AppTaskCreate 创建任务失败！失败代码 0x%X\n",uwRet);
235     return LOS_NOK;
236 }
237 /* 开启 LiteOS 任务调度 */
238 LOS_Start();
239 /* Infinite loop */
240 while (1)
241 {
242 }
243}
```

5. 添加串口发送函数

```
301/* USER CODE BEGIN 4 */
302int fputc(int ch, FILE *f)
303{
304   HAL_UART_Transmit(&huart3, (uint8_t *)&ch, 1, 0xFFFF);
305   return ch;
306}
307/* USER CODE END 4 */
```

6. 查看运行结果

编译并下载程序到开发板中。打开串口调试助手，按下开发板上的 RST（复位）键，复位开发板，按下 KEY1 写入事件 1，LED 任务读取到事件 1 后，LED1 翻转；按下 KEY2 写入事件 2，LED 任务读取到事件 2 后，LED2 翻转，运行结果如图 7-4 所示。

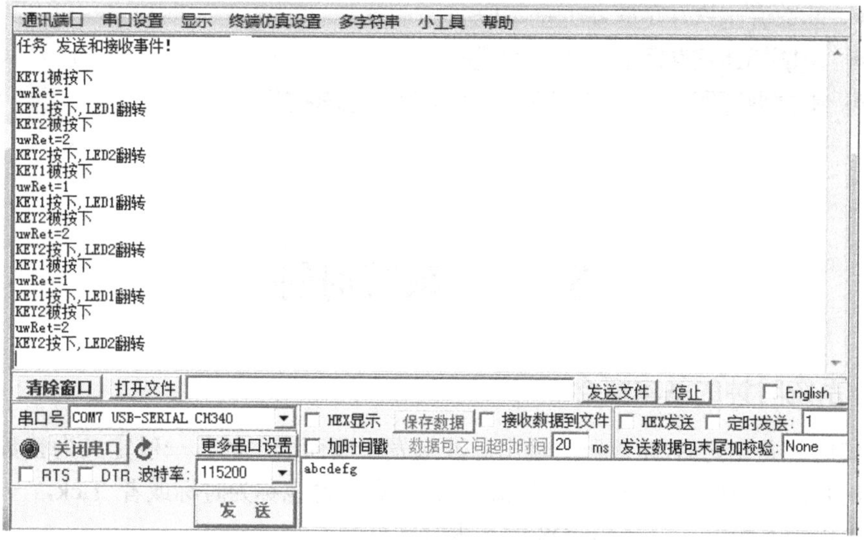

图 7-4　任务运行结果

第 8 章 时间管理

在物联网操作系统中,时间是至关重要的。时间管理以系统时钟为基础,给应用程序提供与时间有关的服务。软件定时器提供软件层次的接口,通过软件定时器,系统可以定时、周期性地执行任务。本章将学习 LiteOS 的时间管理机制,包括系统时钟和软件定时器。

> **学习目标**
> - 能够描述 LiteOS 系统时钟的计时单位;
> - 会使用 LiteOS 中的时间转换函数、时间统计函数;
> - 能够说出软件定时器的基本概念;
> - 能够描述软件定时器的运行机制;
> - 能够熟练使用 LiteOS 中软件定时器的相关函数。

8.1 系统时钟

8.1.1 系统时钟的基本概念

系统时钟是由定时/计数器的输出脉冲触发中断而产生的,一般定义为整数或长整数。输出脉冲的周期叫作一个"时钟滴答"。系统时钟也称为时标或者 Tick,一个 Tick 的时长可以静态配置,它是 LiteOS 的基本时间单位。

系统最小的计时单位为 Cycle,其时长由系统主频决定,系统主频就是每秒的 Cycle 数,本质上就是对由晶体振荡器产生的时钟周期进行计数,即晶体振荡器在 1s 内产生的时钟脉冲个数，也就是时钟周期的频率。Cycle 的时长由硬件决定，且无法更改，不同主频的设备对应的 Cycle 时长是不同的。

系统的基本时间单位为 Tick，对应的时长由系统主频及每秒 Tick 数决定，Tick 与秒之间的对应关系能够配置。

8.1.2 时间转换函数和时间统计函数

用户是以秒、毫秒为单位计时的，而芯片 CPU 是以 Tick 为单位计时的，当用户需要对系统进行操作时，如任务挂起、延时等，输入以秒为单位的数值，此时需要时间管理模块对二者进行转换。

LiteOS 系统中的时间管理模块主要提供以下两种功能。

① 时间转换：根据主频实现 CPU Tick 数到毫秒数、微秒数的转换。

② 时间统计：获取系统的 Tick 数。

LiteOS 提供的时间转换函数和时间统计函数如表 8-1 所示。

表 8-1　LiteOS 提供的时间转换函数和时间统计函数

功能分类	函数名	功能
时间转换	LOS_MS2Tick	毫秒数转换为 Tick 数
	LOS_Tick2MS	Tick 数转换为毫秒数
时间统计	LOS_CyclePerTickGet	每个 Tick 包含多少 Cycle
	LOS_TickCountGet	获取系统当前的 Tick 数

1. 时间转换函数 LOS_MS2Tick()

LOS_MS2Tick()函数用于将给定的毫秒数转换成对应的 Tick 数，其语法要点如表 8-2 所示。

表 8-2　LOS_MS2Tick()函数语法要点

函数原型	LITE_OS_SEC_TEXT_MINOR UINT32 LOS_MS2Tick(UINT32 uwMillisec)
函数传入值	uwMillisec：毫秒数
函数返回值	Tick 数：转换后的 Tick 数 错误代码：出错

2. 时间转换函数 LOS_Tick2MS()

LOS_Tick2MS()函数用于将给定的 Tick 数转换成对应的毫秒数，其语法要点如表 8-3 所示。

表 8-3　LOS_Tick2MS()函数语法要点

函数原型	LITE_OS_SEC_TEXT_MINOR UINT32 LOS_Tick2MS(UINT32 uwTick)
函数传入值	uwTick：Tick 数
函数返回值	毫秒数：转换后的毫秒数 错误代码：出错

3. 时间统计函数 LOS_CyclePerTickGet()

LOS_CyclePerTickGet()函数用于获得每个 Tick 对应的 Cycle 数,其语法要点如表 8-4 所示。

表 8-4 LOS_CyclePerTickGet()函数语法要点

函数原型	LITE_OS_SEC_TEXT_MINOR UINT32 LOS_CyclePerTickGet(VOID)
函数返回值	Cycle 数:每 Tick 对应的 Cycle 数 错误代码:出错

4. 时间统计函数 LOS_TickCountGet()

LOS_TickCountGet()函数用于获得系统当前的 Tick 数,其语法要点如表 8-5 所示。

表 8-5 LOS_TickCountGet()函数语法要点

函数原型	LITE_OS_SEC_TEXT_MINOR UINT64 LOS_TickCountGet (VOID)
函数返回值	Tick 数:系统当前的 Tick 数 错误代码:出错

使用系统时钟时需要注意以下几点。

(1)要想获取系统的 Tick 数应在系统时钟使能以后进行。

(2)时间管理不是单独的功能模块,它依赖于 los_config.h 中的 OS_SYS_CLOCK 和 LOSCFG_BASE_CORE_TICK_PER_SECOND 两个配置选项。

(3)系统的 Tick 数在关中断的状况下不进行计数,故系统的 Tick 数不能作为准确时间计算。

任务 8-1　时间转换、统计和延迟

🎬 任务描述

在 LiteOS 中创建两个任务 TransformTime_Task 和 GetTick_Task,TransformTime_Task 任务用于时间转换:将毫秒数转换为 Tick 数,将 Tick 数转换为毫秒数。GetTick_Task 任务用于时间统计和时间延迟:统计每秒的 Cycle 数、Tick 数和延迟后的 Tick 数。

⏰ 任务实现

1. 添加头文件

打开第 2 章中移植好 LiteOS 的工程 TEST,修改 main.c 文件,添加头文件。

```
26 /* USER CODE BEGIN Includes */
27 /* LiteOS 头文件 */
28 #include "los_sys.h"
```

```
29 #include "los_task.ph"
30 /* USER CODE END Includes */
```

2. 定义任务 ID 变量

```
59 /* USER CODE BEGIN 0 */
60 /* 定义任务 ID 变量 */
61 UINT32 TransformTime_Task_Handle;
62 UINT32 GetTick_Task_Handle;
```

3. 创建和管理任务 TransformTime_Task、GetTick_Task。

（1）定义任务实现函数 TransformTime_Task()、GetTick_Task()。

```
63 /*************************************************************
64  * @ 函数名   : TransformTime_Task
65  * @ 功能说明 : TransformTime_Task 任务实现
66  * @ 参数     : 无
67  * @ 返回值   : 无
68  *************************************************************/
69 VOID TransformTime_Task(void)
70 {
71   UINT32 uwMs;
72   UINT32 uwTick;
73   uwTick = LOS_MS2Tick(10000);        //10000ms 数转换为 Tick 数
74   printf("uwTick = %d \n",uwTick);
75   uwMs= LOS_Tick2MS(100);             //100Ticks 数转换为毫秒数
76   printf("uwMs = %d \n",uwMs);
77   }
78 /*************************************************************
79  * @ 函数名   : GetTick_Task
80  * @ 功能说明 : GetTick_Task 任务实现
81  * @ 参数     : 无
82  * @ 返回值   : 无
83  *************************************************************/
84 VOID GetTick_Task(VOID)
85 {
86 UINT32 uwcyclePerTick;
87 UINT64 uwTickCount;
88 uwcyclePerTick = LOS_CyclePerTickGet();//每个 Tick 包含多少 Cycle
89 if(0 != uwcyclePerTick)
90 {
91     printf("LOS_CyclePerTickGet = %d \n", uwcyclePerTick);
92 }
93 uwTickCount = LOS_TickCountGet();//获取 Tick 数
94 if(0 != uwTickCount)
95 {
```

```
96       printf("LOS_TickCountGet = %d \n", (UINT32)uwTickCount);
97  }
98  LOS_TaskDelay(200);//延迟200Ticks
99  uwTickCount = LOS_TickCountGet();
100    if(0 != uwTickCount)
101    {
102       printf("LOS_TickCountGet after delay = %d \n", (UINT32)uwTickCount);
103    }
104 }
```

（2）定义任务创建函数 Creat_TransformTime_Task()、Creat_GetTick_Task()。

```
105/*************************************************************
106 * @ 函数名     ：  Creat_TransformTime_Task
107 * @ 功能说明   ：创建 TransformTime_Task 任务
108 * @ 参数       ：无
109 * @ 返回值     ：无
110 *************************************************************/
111 static UINT32 Creat_TransformTime_Task()
112 {
113 //定义一个返回类型变量，初始化为 LOS_OK
114 UINT32 uwRet = LOS_OK;
115 //定义一个用于创建任务的参数结构体
116 TSK_INIT_PARAM_S task_init_param;
117 task_init_param.usTaskPrio = 5;  /* 任务优先级，数值越小，优先级越高 */
118 task_init_param.pcName = "TransformTime_Task";/* 任务名 */
119 task_init_param.pfnTaskEntry = (TSK_ENTRY_FUNC)TransformTime_Task;/* 任务函数入口 */
120 task_init_param.uwStackSize = 1024;    /* 堆栈大小 */
121 uwRet = LOS_TaskCreate(&TransformTime_Task_Handle, &task_init_param);/* 创建任务 */
122 return uwRet;
123 }
124/*************************************************************
125 * @ 函数名     ：  Creat_GetTick_Task
126 * @ 功能说明   ：创建 GetTick_Task 任务
127 * @ 参数       ：无
128 * @ 返回值     ：无
129 *************************************************************/
130 static UINT32 Creat_GetTick_Task()
131 {
132 // 定义一个返回类型变量，初始化为 LOS_OK
133 UINT32 uwRet = LOS_OK;
134 TSK_INIT_PARAM_S task_init_param;
```

```
135 task_init_param.usTaskPrio = 4; /* 任务优先级,数值越小,优先级越高 */
136 task_init_param.pcName = "GetTick_Task";    /* 任务名 */
137 task_init_param.pfnTaskEntry = (TSK_ENTRY_FUNC)GetTick_Task;/* 任务函数入口 */
138 task_init_param.uwStackSize = 1024; /* 堆栈大小 */
139 uwRet = LOS_TaskCreate(&GetTick_Task_Handle, &task_init_param);/* 创建任务 */
140 return uwRet;
141 }
```

(3)定义任务管理函数 AppTaskCreate()。

```
142/***********************************************************
143  * @ 函数名    : AppTaskCreate
144  * @ 功能说明  : 任务创建,为了方便管理,所有的任务创建函数都可以放在这个函数里面
145  * @ 参数      : 无
146  * @ 返回值    : 无
147  ***********************************************************/
148 static UINT32 AppTaskCreate(void)
149 {
150  /* 定义一个返回类型变量,初始化为 LOS_OK */
151  UINT32 uwRet = LOS_OK;
152  uwRet = Creat_TransformTime_Task();
153   if (uwRet != LOS_OK)
154   {
155     printf("LED_Task任务创建失败!失败代码 0x%X\n",uwRet);
156     return uwRet;
157   }
158  uwRet = Creat_GetTick_Task();
159   if (uwRet != LOS_OK)
160   {
161     printf("Key_Task任务创建失败!失败代码 0x%X\n",uwRet);
162     return uwRet;
163   }
164  return LOS_OK;
165 }
166 /* USER CODE END 0 */
```

4. 在主函数中修改代码

```
172 int main(void)
173 {
174  /* USER CODE BEGIN 1 */
175  UINT32 uwRet = LOS_OK;    //定义一个返回类型变量,初始化为 LOS_OK
```

```
176  /* USER CODE END 1 */
177  /* MCU Configuration----------------------------------------*/
178  /* Reset of all peripherals, Initializes the Flash interface and the Systick. */
179  HAL_Init();
180  /* Configure the system clock */
181  SystemClock_Config();
182  /* Initialize all configured peripherals */
183  MX_GPIO_Init();
184  MX_USART1_UART_Init();
185  MX_USART2_UART_Init();
186  MX_USART3_UART_Init();
187  /* LiteOS 内核初始化 */
188  uwRet = LOS_KernelInit();
189    if (uwRet != LOS_OK)
190  {
191      printf("LiteOS 内核初始化失败! 失败代码 0x%X\n",uwRet);
192      return LOS_NOK;
193  }
194  printf("任务 8-1 时间转换、统计和延迟! \n\n");
195  uwRet = AppTaskCreate();
196  if (uwRet != LOS_OK)
197  {
198      printf("AppTaskCreate 创建任务失败! 失败代码 0x%X\n",uwRet);
199      return LOS_NOK;
200  }
201  /* 开启 LiteOS 任务调度 */
202  LOS_Start();
203  /* Infinite loop */
204  while (1)
205  {
206  }
207 }
```

5. 添加串口发送函数

```
265 /* USER CODE BEGIN 4 */
266 int fputc(int ch, FILE *f)
267 {
268   HAL_UART_Transmit(&huart3, (uint8_t *)&ch, 1, 0xFFFF);
269   return ch;
270 }
271 /* USER CODE END 4 */
```

6. 查看运行结果

编译并下载程序到开发板中。打开串口调试助手，按下开发板上的 RST（复位）键，运行结果如图 8-1 所示。

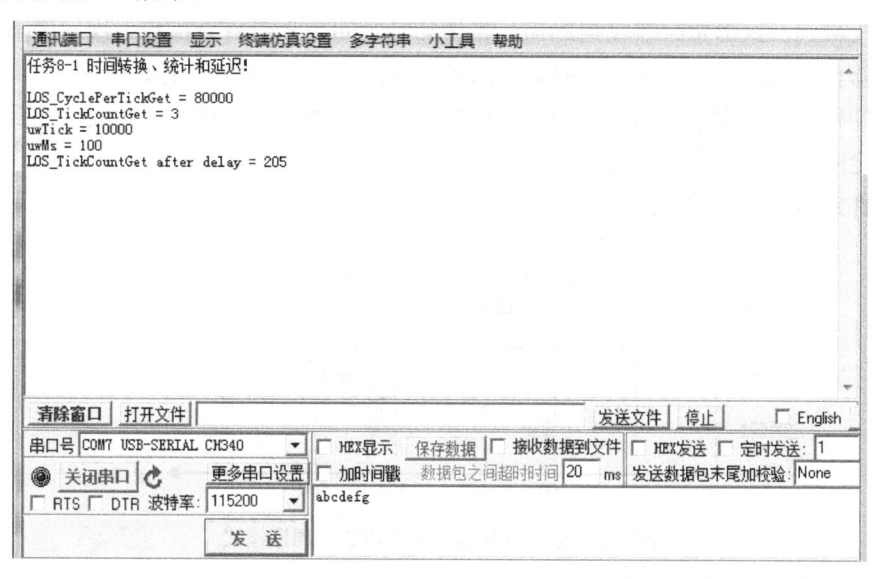

图 8-1 任务 8-1 运行结果

8.2 软件定时器

硬件定时器受硬件的限制，数量上不足以满足用户的实际需求。为了满足用户需求，提供更多的定时器，LiteOS 提供了软件定时器功能。

8.2.1 软件定时器基本概念

软件定时器是基于系统 Tick 时钟中断，且由软件来模拟的定时器，当经过设定的 Tick 时钟计数值后，触发用户定义的回调函数（类似硬件的中断服务函数）。定时精度与系统 Tick 时钟的周期有关。

硬件定时器是芯片提供的定时功能，使用硬件定时器时，每次在定时时间到之后就会自动触发一个中断，用户在中断中处理信息；而使用软件定时器时，需要在创建软件定时器时指定定时时间到之后要调用的函数（也称超时函数或回调函数），用户在回调函数中处理信息。

软件定时器扩展了定时器的数量，允许创建更多的定时业务。LiteOS 提供的软件定时器支持以下功能。

（1）静态裁剪：能通过宏关闭软件定时器功能。

（2）软件定时器的创建、启动、停止、删除功能。

（3）软件定时器剩余 Tick 数获取功能。

LiteOS 提供的软件定时器支持单次模式和周期模式，当定时时间到之后，两种模式都会调用软件定时器的回调函数，用户可以在回调函数中加入实现某种功能的代码。

单次模式：这类定时器在启动后，指定超时时间到之后只会执行一次回调函数，然后定时器自动删除（或者调用定时器删除函数删除），不再重复执行。

周期模式：这类定时器会按照指定的定时时间周期性地执行回调函数，直到用户手动停止定时器，否则将永远持续执行下去。

软件定时器的单次模式和周期模式如图 8-2 所示。

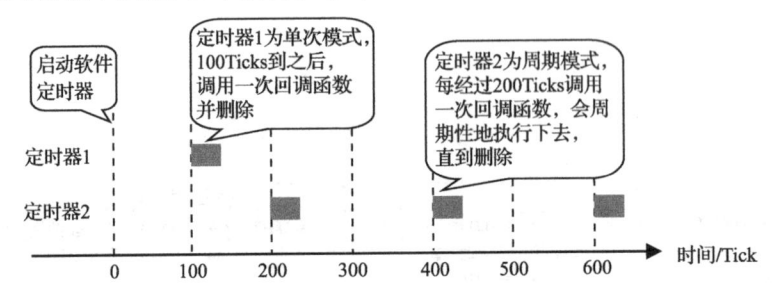

图 8-2　软件定时器的单次模式和周期模式

8.2.2　软件定时器的运行机制

软件定时器是系统资源，在模块初始化的时候已经分配了一块连续的内存。系统支持的最大定时器个数由 target_config.h 中的 LOSCFG_BASE_CORE_SWTMR_LIMIT 宏配置。

软件定时器使用了系统的一个队列和一个任务资源，软件定时器的触发遵循队列规则——先进先出。定时时间短的定时器总是比定时时间长的定时器靠近队列头，满足优先触发的准则。

软件定时器以 Tick 为基本计时单位，当创建并启动一个软件定时器时，LiteOS 会根据当前系统 Tick 时间及设置的定时时长确定该定时器的到期 Tick 时间，并将该定时器插入定时器列表。

系统会在 SysTick 中断处理函数中扫描软件定时器列表，若有定时器超时，则通过"定时器命令队列"向软件定时器任务发送一个命令，任务在接收到命令后，就会去处理对应的程序，调用对应软件定时器的回调函数。

软件定时器会按唤醒时间升序插入软件定时器列表中，距离唤醒时间最短的软件定时器排在列表头部，距离唤醒时间最长的软件定时器排在列表尾部。例如，软件定时器列表中一开始只有一个周期为 200Ticks 的软件定时器 A，那么软件定时器 A 在 200Ticks 后就会被唤醒，调用对应的回调函数；此时插入一个周期为 100Ticks 的软件定时器 B，那么 100Ticks 之后，软件定时器 B 就会被唤醒，而原来在 200Ticks 后唤醒的软件定时器 A，将会在软件定时器 B 调用之后的 100Ticks 唤醒；同理，插入一个周期为 50Ticks 的软件定时器 C 也是一样的，软件定时器插入队列排序如图 8-3 所示。若插入的软件定时器 C 的周期是 150Ticks，则软件定时器插入队列排序如图 8-4 所示。

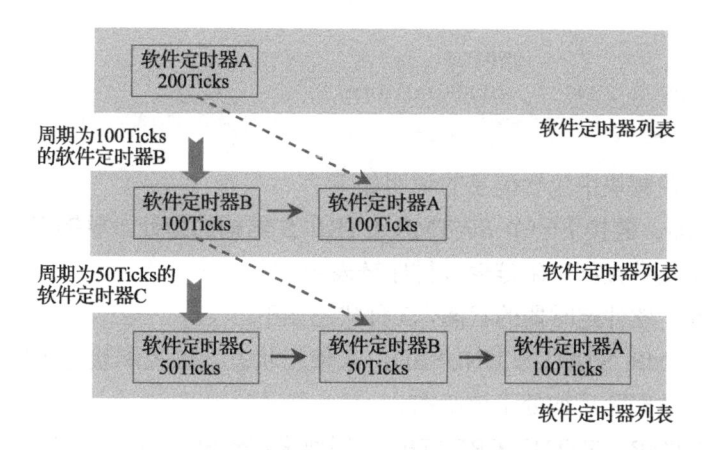

图 8-3　软件定时器插入队列排序 1

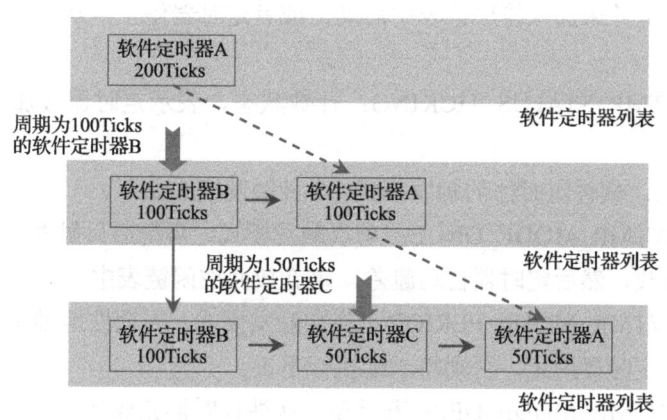

图 8-4　软件定时器插入队列排序 2

8.2.3　软件定时器控制块

每个软件定时器都有对应的软件定时器控制块，它包含了软件定时器的基本信息，如软件定时器的状态、工作模式、计数值、回调函数等信息，软件定时器控制块信息定义在 LiteOS 源码目录下的 "\kernel\include\los_swtmr.h" 文件中，代码结构如下：

```
typedef struct tagSwTmrCtrl
{
    struct tagSwTmrCtrl *pstNext;
    UINT8               ucState;
    UINT8               ucMode;
#if (LOSCFG_BASE_CORE_SWTMR_ALIGN == YES)
    UINT8               ucRouses;
    UINT8               ucSensitive;
#endif
    UINT16              usTimerID;
    UINT32              uwCount;
    UINT32              uwInterval;
```

```
    UINT32              uwArg;
    SWTMR_PROC_FUNC     pfnHandler;
} SWTMR_CTRL_S;
```

软件定时器控制块中包含信息的说明如下。

（1）*pstNext：链接下一个 SWTMR_CTRL_S 结构的指针，单链表形式链接，主要用于将当前控制块链接到空闲链表或排序链表中。

（2）ucState：软件定时器的状态，3 种状态如下。

① OS_SWTMR_STATUS_UNUSED：未使用状态，该控制块处于空闲链表中，初始化时或定时器被删除后均处于该状态。

② OS_SWTMR_STATUS_CREATED：创建未启动/停止状态，创建成功，已经从空闲链表中取出，但并未加入排序链表中启动，或者定时器停止，从排序链表取下后均处于该状态。

③ OS_SWTMR_STATUS_TICKING：计数状态，表示定时器被加入排序链表中，正在运行。

（3）ucMode：软件定时器的触发模式，3 种触发模式如下。

① LOS_SWTMR_MODE_ONCE：单次触发模式，启动后只触发一次定时器事件，执行一次回调函数，然后定时器自动删除，重新放回空闲链表中。

② LOS_SWTMR_MODE_PERIOD：周期触发模式，周期性地触发定时器事件，直到用户手动停止定时器为止，否则将永远执行下去。

③ LOS_SWTMR_MODE_OPP：表示在一次性计时器完成计时之后，启用周期性软件定时器，此模式目前不支持，为将来预留。

（4）ucRouses：若定义了 LOSCFG_BASE_CORE_SWTMR_ALIGN == YES，则使能软件定时器唤醒功能。

（5）ucSensitive：若定义了 LOSCFG_BASE_CORE_SWTMR_ALIGN == YES，则使能软件定时器对齐功能。

（6）usTimerID：软件定时器 ID，初始化时分配，创建软件定时器成功后返回给用户，用户通过软件定时器 ID 操作对应的软件定时器。

（7）uwCount：软件定时器计数，以 Tick 为单位，在启动定时器（加入排序链表中）时会设置该计数值，在每个 Tick 中断中减 1，减到 0 意味着定时时间到。

（8）uwInterval：周期性软件定时器的定时间隔。

（9）uwArg：软件定时器回调函数的参数。

（10）pfnHandler：软件定时器的回调函数，定时时间到时执行该函数。

8.2.4 软件定时器的常用函数

LiteOS 中软件定时器的常用函数及功能如表 8-6 所示。

表 8-6 LiteOS 中软件定时器的常用函数及功能

功能分类	函数名	功能
创建/删除软件定时器	LOS_SwtmrCreate	创建软件定时器，设置软件定时器的定时时间、工作模式、回调函数，并返回软件定时器 ID
	LOS_SwtmrDelete	删除软件定时器
启动/停止软件定时器	LOS_SwtmrStart	启动软件定时器
	LOS_SwtmrStop	停止软件定时器
获得软件定时器剩余 Tick 数	LOS_SwtmrTimeGet	获得软件定时器剩余 Tick 数

1. 软件定时器创建函数 LOS_SwtmrCreate()

在使用软件定时器前，需要先创建软件定时器，同时还需要定义一个软件定时器 ID 变量，用于保存创建成功后返回的软件定时器 ID，软件定时器创建函数为 LOS_SwtmrCreate()，其语法要点如表 8-7 所示。

表 8-7 LOS_SwtmrCreate()函数语法要点

函数原型	LITE_OS_SEC_TEXT_INIT UINT32 LOS_SwtmrCreate(UINT32 uwInterval, UINT8 ucMode, SWTMR_PROC_FUNC pfnHandler, UINT16 *pusSwTmrID, UINT32 uwArg #if (LOSCFG_BASE_CORE_SWTMR_ALIGN == YES) , UINT8 ucRouses, UINT8 ucSensitive #endif
函数传入值	uwInterval：软件定时器的定时时间
	ucMode：软件定时器的工作模式
	pfnHandler：软件定时器的回调函数
	*pusSwTmrID：软件定时器的 ID 指针
	uwArg：软件定时器的回调函数的传入参数
	ucRouses：软件定时器唤醒功能
	ucSensitive：软件定时器对齐功能
函数返回值	LOS_OK：创建成功
	错误代码：出错

注意：如果不使用 ucRouses 和 ucSensitive 参数，需要将配置文件 target_config.h 中的 LOSCFG_BASE_CORE_SWTMR_ALIGN 设置成 NO。

2. 软件定时器删除函数 LOS_SwtmrDelete()

LiteOS 允许用户主动删除软件定时器，被删除的软件定时器不会继续执行，回调函数也无法再次被调用，关于该软件定时器的所有资源都会被系统回收。软件定时器删除函数为 LOS_SwtmrDelete()，其语法要点如表 8-8 所示。

表 8-8 LOS_SwtmrDelete()函数语法要点

函数原型	LITE_OS_SEC_TEXT UINT32 LOS_SwtmrDelete(UINT16 usSwTmrID)
函数传入值	usSwTmrID：软件定时器 ID

续表

函数返回值	LOS_OK：删除成功
	错误代码：出错

3. 软件定时器启动函数 LOS_SwtmrStart()

软件定时器创建成功后，其状态从 OS_SWTMR_STATUS_UNUSED（未使用状态）变成 OS_SWTMR_STATUS_CREATED（创建未启动/停止状态），用户在需要的时候可以启动该软件定时器。软件定时器启动函数为 LOS_SwtmrStart()，其语法要点如表 8-9 所示。

表 8-9 LOS_SwtmrStart()函数语法要点

函数原型	LITE_OS_SEC_TEXT UINT32 LOS_SwtmrStart(UINT16 usSwTmrID)
函数传入值	usSwTmrID：软件定时器 ID
函数返回值	LOS_OK：启动成功
	错误代码：出错

4. 软件定时器停止函数 LOS_SwtmrStop()

软件定时器在不需要使用的时候，可以停止，或者在需要删除某个软件定时器之前，应先把软件定时器停止。软件定时器停止函数为 LOS_SwtmrStop()，其语法要点如表 8-10 所示。

表 8-10 LOS_SwtmrStop()函数语法要点

函数原型	LITE_OS_SEC_TEXT UINT32 LOS_SwtmrStop(UINT16 usSwTmrID)
函数传入值	usSwTmrID：软件定时器 ID
函数返回值	LOS_OK：停止成功
	错误代码：出错

使用软件定时器时需要注意以下几点。

（1）软件定时器的回调函数中不应执行过多操作，不建议使用可能引起任务挂起或者阻塞的函数或操作，如果使用，会导致软件定时器响应不及时，造成的影响无法确定。

（2）软件定时器使用了系统的一个队列和一个任务资源。软件定时器任务的优先级设定为 0，且不允许修改。

（3）系统可配置的软件定时器个数是指整个系统可使用的软件定时器总个数，并非用户可使用的软件定时器个数。例如，系统多占用一个软件定时器，那么用户能使用的软件定时器资源就会减少一个。

（4）创建单次不自删除属性的定时器，用户需要自行调用定时器删除接口删除定时器，回收定时器资源，避免资源泄露。

（5）软件定时器的定时精度与系统时钟的周期有关。

任务 8-2　软件定时器使用

任务描述

在 LiteOS 中创建两个软件定时器，其中一个软件定时器为单次模式，5000Ticks 后调用一次回调函数；另一个软件定时器为周期模式，每 1000Ticks 调用一次回调函数，在回调函数中输出相关信息。

任务实现

1. 修改 OS_CONFIG\target_config.h 文件

打开第 2 章中移植好 LiteOS 的工程 TEST，修改 OS_CONFIG\target_config.h 文件。

```
242 #define LOSCFG_BASE_CORE_SWTMR_ALIGN    NO
```

2. 修改 main.c 文件，添加头文件

```
26 /* USER CODE BEGIN Includes */
27 /* LiteOS 头文件 */
28 #include "los_sys.h"
29 #include "los_task.ph"
30 #include "los_swtmr.h"
31 /* USER CODE END Includes */
```

3. 定义软件定时器句柄（ID），声明全局变量

```
60 /* USER CODE BEGIN 0 */
61 /* 定义软件定时器句柄（ID） */
62 UINT16 Timer1_Handle;
63 UINT16 Timer2_Handle;
64 /****************** 全局变量声明 ******************/
65 static UINT32 TmrCb_Count1 = 0;
66 static UINT32 TmrCb_Count2 = 0;
```

4. 定义软件定时器回调函数 Timer1_Callback()、Timer2_Callback()

```
67 /***************************************************************
68  * @ 函数名   : Timer1_Callback
69  * @ 功能说明 : 软件定时器回调函数 1
70  * @ 参数    : 传入 1 个参数，但未使用
71  * @ 返回值   : 无
72  ***************************************************************/
73 static void Timer1_Callback(UINT32 arg)
```

```
74 {
75     UINT32 tick_num1;
76     TmrCb_Count1++;                                /* 每回调一次加 1 */
77      HAL_GPIO_TogglePin(GPIOD,GPIO_PIN_5);         //LED1 翻转
78     tick_num1 = (UINT32)LOS_TickCountGet();       /* 获取滴答定时器的计数值 */
79     printf("全局变量 TmrCb_Count1=%d\n", TmrCb_Count1);
80     printf("软件定时器 Timer1 的计数值 tick_num1=%d\n", tick_num1);
81 }
82 /****************************************************************
83  * @ 函数名      : Timer2_Callback
84  * @ 功能说明    : 软件定时器回调函数 2
85  * @ 参数        : 传入 1 个参数，但未使用
86  * @ 返回值      : 无
87  ****************************************************************/
88 static void Timer2_Callback(UINT32 arg)
89 {
90     UINT32 tick_num2;
91     TmrCb_Count2++;                                /* 每回调一次加 1 */
92      HAL_GPIO_TogglePin(GPIOD,GPIO_PIN_4);         //LED2 翻转
93     tick_num2 = (UINT32)LOS_TickCountGet();       /* 获取滴答定时器的计数值 */
94     printf("全局变量 TmrCb_Count2=%d\n", TmrCb_Count2);
95     printf("软件定时器 Timer2 的计数值 tick_num2=%d\n", tick_num2);
96 }
```

5. 定义创建、启动软件定时器的函数 AppTaskCreate()

```
97  /****************************************************************
98   * @ 函数名      : AppTaskCreate
99   * @ 功能说明    : 创建、启动软件定时器
100  * @ 参数        : 无
101  * @ 返回值      : 无
102  ****************************************************************/
103 static UINT32 AppTaskCreate(void)
104 {
105 /* 定义一个返回类型变量，初始化为 LOS_OK */
106 UINT32 uwRet = LOS_OK;
107 /* 创建一个软件定时器 */
108 uwRet = LOS_SwtmrCreate(5000,         /* 软件定时器的定时时间 */
109     LOS_SWTMR_MODE_ONCE,              /* 软件定时器的工作模式：单次模式 */
110     (SWTMR_PROC_FUNC)Timer1_Callback, /* 软件定时器的回调函数 */
111     &Timer1_Handle,                   /* 软件定时器 ID */
112         0);
113 if (uwRet != LOS_OK)
114     {
```

```
115        printf("软件定时器 Timer1 创建失败！\n");
116    }
117    uwRet = LOS_SwtmrCreate(1000,     /* 软件定时器的定时时间（ms）*/
118         LOS_SWTMR_MODE_PERIOD,  /* 软件定时器的工作模式：周期模式 */
119         (SWTMR_PROC_FUNC)Timer2_Callback, /* 软件定时器的回调函数 */
120         &Timer2_Handle,          /* 软件定时器 ID */
121              0);
122    if (uwRet != LOS_OK)
123    {
124        printf("软件定时器 Timer2 创建失败！\n");
125        return uwRet;
126    }
127    /* 启动一个软件定时器 */
128    uwRet = LOS_SwtmrStart(Timer1_Handle);
129    if (LOS_OK != uwRet)
130    {
131        printf("start Timer1 failed\n");
132        return uwRet;
133    }
134    else
135    {
136        printf("启动软件定时器 Timer1 成功！\n");
137    }
138    /* 启动一个软件定时器 */
139    uwRet = LOS_SwtmrStart(Timer2_Handle);
140    if (LOS_OK != uwRet)
141    {
142        printf("start Timer2 failed\n");
143        return uwRet;
144    }
145    else
146    {
147        printf("启动软件定时器 Timer2 成功！\n");
148    }
149    return LOS_OK;
150 }
151 /* USER CODE END 0 */
```

6. 在主函数中修改代码

```
157 int main(void)
158 {
159    /* USER CODE BEGIN 1 */
160    UINT32 uwRet = LOS_OK;   //定义一个返回类型变量，初始化为 LOS_OK
```

```
161 /* USER CODE END 1 */
162 /* MCU Configuration------------------------------------*/
163 /* Reset of all peripherals, Initializes the Flash interface and the
    Systick. */
164 HAL_Init();
165 /* Configure the system clock */
166 SystemClock_Config();
167 /* Initialize all configured peripherals */
168 MX_GPIO_Init();
169 MX_USART1_UART_Init();
170 MX_USART2_UART_Init();
171 MX_USART3_UART_Init();
172 /* LiteOS 内核初始化 */
173 uwRet = LOS_KernelInit();
174   if (uwRet != LOS_OK)
175 {
176    printf("LiteOS 内核初始化失败！失败代码 0x%X\n",uwRet);
177    return LOS_NOK;
178 }
179 printf("任务 8-2 软件定时器使用！\n\n");
180 uwRet = AppTaskCreate();
181 if (uwRet != LOS_OK)
182 {
183    printf("AppTaskCreate 创建任务失败！失败代码 0x%X\n",uwRet);
184    return LOS_NOK;
185 }
186 /* 开启 LiteOS 任务调度 */
187 LOS_Start();
188 /* Infinite loop */
189 while (1)
190 {
191 }
192 }
```

7. 添加串口发送函数

```
250 /* USER CODE BEGIN 4 */
251 int fputc(int ch, FILE *f)
252 {
253   HAL_UART_Transmit(&huart3, (uint8_t *)&ch, 1, 0xFFFF);
254   return ch;
255 }
256 /* USER CODE END 4 */
```

8. 查看运行结果

编译并下载程序到开发板中。打开串口调试助手，按下开发板上的 RST（复位）键，运行结果如图 8-5 所示。

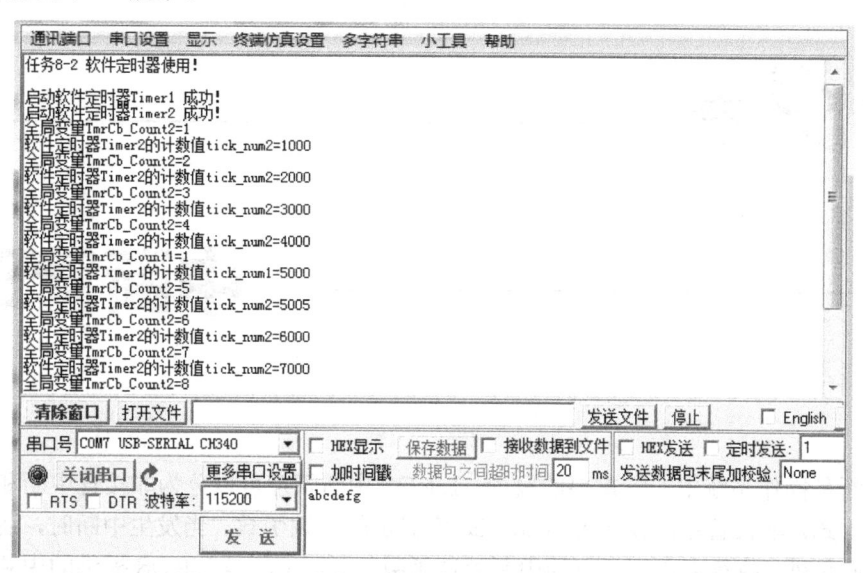

图 8-5 任务 8-2 运行结果

第 9 章 中断管理

中断是操作系统中非常重要的概念。LiteOS 中断管理可以分为非接管中断和接管中断两种方式，非接管中断使用 STM32 Hal 库提供的回调函数，当发生中断时，跳转到对应中断向量处，执行之前存放好的中断处理函数；接管中断是 LiteOS 提供的中断接管管理的方式，将所有的中断统一管理，根据中断是否使能、优先级等信息来调用相应函数进行处理。

本章将学习中断的相关概念，以及 LiteOS 接管中断和非接管中断方式。

学习目标

- 能够描述中断的基本概念；
- 能够说出中断的运作机制；
- 能够熟练使用 LiteOS 接管中断方式的相关函数；
- 能够掌握使用 LiteOS 非接管中断方式。

9.1 中断介绍

1. 基本概念

所谓中断，是指 CPU 暂停执行当前程序，转而执行新程序的过程，即在程序运行过程中，系统出现了一个必须由 CPU 立即处理的事务，此时，CPU 暂时中止当前程序的执行转而处理这个事务，处理完后再回到原先被打断的地方，继续原来的工作，这个过程就叫作中断。

通过中断机制，在外部设备不需要 CPU 介入时，CPU 可以执行其他任务，而当外部设备需要 CPU 时，通过产生中断信号使 CPU 立即中断当前任务来响应中断请求。这样可以使 CPU 避免把大量时间耗费在等待、查询外部设备状态的操作上，因此将大大提高系统实时性及执行效率。

2．与中断相关的硬件

与中断相关的硬件可以划分为 3 类：外部设备、中断控制器、CPU。

（1）外部设备：外部设备是发起中断的源。当外部设备需要请求 CPU 时，产生一个中断信号，该信号连接至中断控制器。

（2）中断控制器：中断控制器是 CPU 众多外部设备中的一个，一方面它接收其他外部设备中断引脚的输入；另一方面，它会发出中断信号给 CPU。可以通过对中断控制器编程实现对中断源的优先级、触发方式、打开和关闭等操作。在 Cortex-M 系列控制器中常用的中断控制器是内嵌向量中断控制器（Nested Vectored Interrupt Controller，NVIC）。

（3）CPU：CPU 会响应中断源的请求，中断当前正在执行的任务，转而执行中断处理程序。

3．与中断相关的术语

（1）中断号：每个中断请求信号都会有特定的标志，使得处理器能够判断是哪个设备提出的中断请求，这个标志就是中断号。

（2）中断请求："紧急事件"需向 CPU 提出申请（发一个电脉冲信号），要求中断，即要求 CPU 暂停当前执行的任务，转而处理该"紧急事件"，这一申请过程称为中断请求。

（3）中断优先级：为使系统能够及时响应并处理所有中断，系统根据中断时间的重要性和紧迫程度，将中断源分为若干级别，称作中断优先级。STM32（Cortex-M3）中断优先级分为抢占优先级和响应优先级。优先顺序如下。

① 若抢占优先级不同，则会涉及中断嵌套，抢占优先级高的会优先抢占优先级低的，优先得到执行。

② 若抢占优先级相同，则不涉及中断嵌套，如果响应优先级不同，响应优先级高的先响应。

③ 若抢占优先级和响应优先级都相同，则比较它们的硬件中断号，硬件中断号越小，优先级越高。（硬件中断号从中断向量表中查看。）

（4）中断处理程序：当外部设备产生中断请求后，CPU 暂停当前的任务，转而响应中断请求，即执行中断处理程序。

（5）中断触发：中断源给 CPU 发送控制信号，将中断触发器置"1"，表明该中断源产生了中断，要求 CPU 去响应该中断，CPU 暂停当前任务，执行相应的中断处理程序。

（6）中断触发类型：外部中断请求通过一个物理信号发送到 NVIC，可以是电平触发或边沿触发。

（7）中断向量：中断服务程序的入口地址。

（8）中断向量表：存储中断向量的存储区，中断向量与中断号对应，中断向量在中断向量表中按照中断号顺序存储。

（9）中断共享：当外部设备较少时，可以实现一个外部设备对应一个中断号，但为了支持更多的硬件设备，可以让多个设备共享一个中断号，共享同一个中断的中断处理程序形成一个链表，当外部设备产生中断请求时，系统会遍历中断号对应的中断处理程序链表。

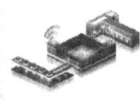

9.2 中断的运行机制

中断发生的环境有两种情况：在任务的上下文中发生中断和在中断服务函数处理上下文中（中断嵌套）发生中断。

（1）在任务的上下文中发生中断。

任务在工作的时候，如果此时发生了一个中断，无论中断的优先级是多大，都会打断当前任务的执行，从而转到对应的中断服务函数中执行，其过程如图 9-1 所示。

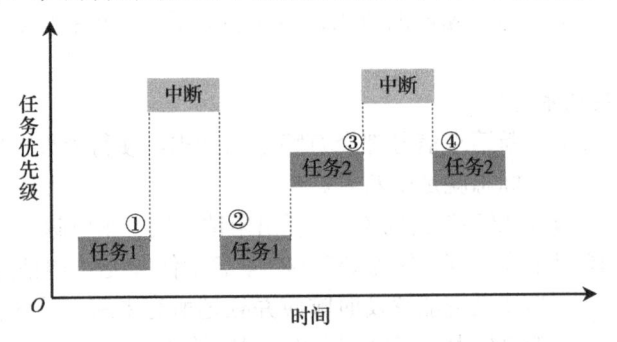

图 9-1 在任务的上下文中发生中断

图 9-1 中的①、③：在任务运行的时候发生了中断，那么中断会打断任务的运行，操作系统将先保存当前任务的上下文环境，转而去处理中断服务函数。

图 9-1 中的②、④：当且仅当中断服务函数处理完后，才恢复任务的上下文环境，继续运行任务。

（2）在中断服务函数处理上下文中发生中断。

在执行中断服务例程的过程中，如果有更高优先级的中断源触发中断，由于当前处于中断服务函数处理上下文环境中，根据不同的处理器架构可能有不同的处理方式。LiteOS 允许中断嵌套，即在一个中断服务函数期间，处理器可以响应另外一个优先级更高的中断，过程如图 9-2 所示。

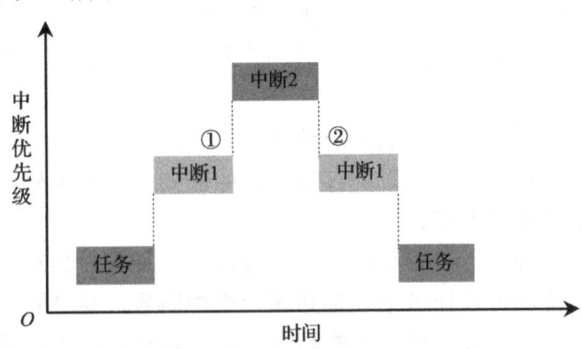

图 9-2 在中断服务函数处理上下文中发生中断

当中断 1 的服务函数在处理的时候发生了中断 2，如图 9-2 中的①所示，由于中断 2 的优先级比中断 1 的优先级更高，所以发生了中断嵌套，那么操作系统将先保存当前中断服务函数的上下文环境，并且转向处理中断 2，当且仅当中断 2 执行完后，才能继续执行中断 1，如图 9-2 中的②所示。

9.3 接管中断方式

接管中断指系统中所有的中断都由 RTOS 的软件管理，硬件产生中断时，由软件决定是否响应，可以挂起中断、延迟响应或者不响应。

LiteOS 中断（接管中断）相关的常用函数及功能如表 9-1 所示。

表 9-1 LiteOS 中断（接管中断）相关的常用函数及功能

功能分类	函数名	功能
创建和删除中断	LOS_HwiCreate	创建中断，注册中断号、中断触发模式、中断优先级、中断处理程序
	LOS_HwiDelete	删除中断
打开、关闭和恢复所有中断	LOS_IntUnLock	打开当前处理器所有中断响应
	LOS_IntLock	关闭当前处理器所有中断响应
	LOS_IntRestore	恢复到使用 LOS_IntLock 关闭所有中断之前的状态

说明：打开、关闭和恢复所有中断的函数是基于汇编语言实现的，本书不做介绍。

9.3.1 创建中断函数 LOS_HwiCreate()

在第 2 章的最后也移植了接管中断版本，LiteOS 接管了中断，中断的注册创建也是由 LiteOS 管理的，创建中断函数为 LOS_HwiCreate()，其语法要点如表 9-2 所示。

表 9-2 LOS_HwiCreate()函数语法要点

函数原型	LITE_OS_SEC_TEXT_INIT UINT32 LOS_HwiCreate(HWI_HANDLE_T uwHwiNum, HWI_PRIOR_T usHwiPrio,HWI_MODE_T usMode,HWI_PROC_FUNC pfnHandler, HWI_ARG_T uwArg）
函数传入值	uwHwiNum：平台的中断号，可以在 stm32l431xx.h 文件中找到（本书使用的硬件 MCU 型号为 STM32L431VCT6）
	usHwiPrio：硬件中断优先级
	usMode：硬件中断模式
	pfnHandler：中断服务函数，中断被触发后会调用这个函数
	uwArg：触发硬件中断时使用的中断处理程序的输入参数
函数返回值	LOS_OK：创建成功
	错误代码：出错

9.3.2 删除中断函数 LOS_HwiDelete()

当某些中断不再需要使用的时候,可以将其删除。删除了的中断就无法再次使用,系统将不再响应该中断,删除中断函数为 LOS_HwiDelete(),其语法要点如表 9-3 所示。

表 9-3 LOS_HwiDelete()函数语法要点

函数原型	LITE_OS_SEC_TEXT_INIT UINT32 LOS_HwiDelete(HWI_HANDLE_T uwHwiNum)
函数传入值	uwHwiNum:要删除的中断的中断号
函数返回值	LOS_OK:删除成功
	错误代码:出错

任务 9-1 接管中断的使用

🔭 任务描述

在 LiteOS 中创建一个使 LED1 翻转的任务,再创建两个被 LiteOS 接管的中断,并编写相关的中断服务程序,按下 KEY1 键触发 KEY1 键中断,sum1 变量加 1;按下 KEY2 键触发 KEY2 键中断,sum2 变量加 1。

⏰ 任务实现

1. 重新配置工程文件

复制第 2 章中移植好 LiteOS 的工程(接管中断),单击 TEST 目录下的 TEST.ioc 文件,打开 STM32CubeMX 的工程文件进行重新配置。

(1)分别配置 PA4、PA5 引脚(KEY1 和 KEY2 键)为 GPIO_EXTI4、GPIO_EXTI5 模式,如图 9-3 所示。

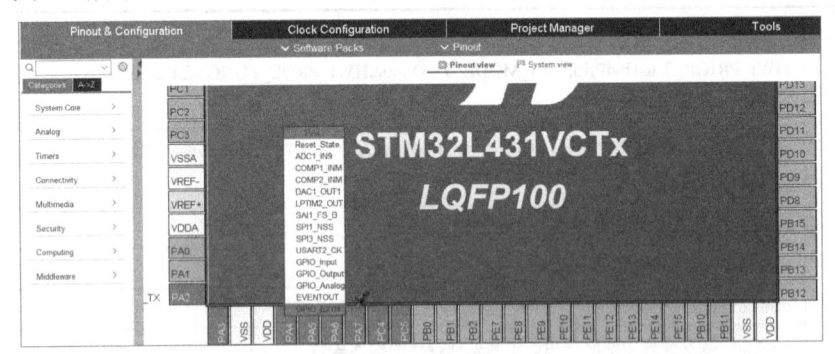

图 9-3 配置 PA4、PA5 引脚为 GPIO_EXTI4、GPIO_EXTI5 模式

(2)在 GPIO 配置界面中配置 PA4、PA5 为上升沿触发、Pull-up 上拉,如图 9-4 所示。

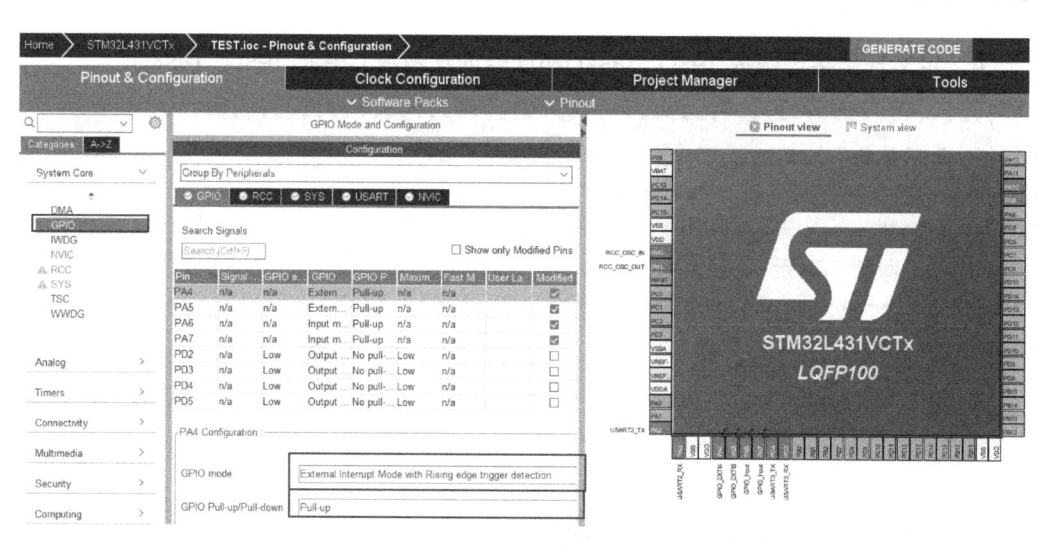

图 9-4 配置 PA4、PA5 为上升沿触发、Pull-up 上拉

（3）单击"GENERATE CODE"按钮，弹出"Code Generation"对话框，单击"Open Project"按钮，如图 9-5 所示，打开 TEST 工程。

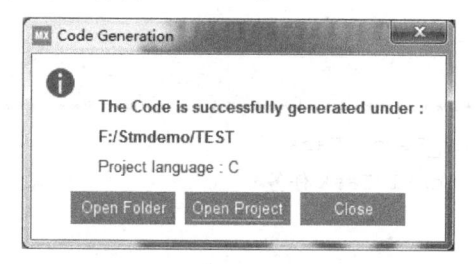

图 9-5 "Code Generation"对话框

2. 在 TEST 工程中，修改 main.c 文件，添加头文件

```
26  /* USER CODE BEGIN Includes */
27  /* LiteOS 头文件 */
28  #include "los_sys.h"
29  #include "los_typedef.h"
30  #include "los_task.ph"
31  #include "los_hwi.h"
32  /* USER CODE END Includes */
```

3. 定义全局变量、任务 ID 变量

```
61  /* USER CODE BEGIN 0 */
62  /* 定义全局变量 sum1、sum2 */
63  uint32_t sum1;
64  uint32_t sum2;
65  /* 定义任务 ID 变量 */
66  UINT32 Test1_Task_Handle;
```

4. 定义任务实现函数 Test1_Task()和任务创建函数 Creat_Test1_Task()

```c
67 /***************************************************************
68  * @ 函数名    : Test1_Task
69  * @ 功能说明  : Test1_Task任务实现
70  * @ 参数      : 无
71  * @ 返回值    : 无
72 ***************************************************************/
73 static void Test1_Task(void)
74 {
75   UINT32 uwRet = LOS_OK;
76   while(1)
77   {
78       HAL_GPIO_TogglePin(GPIOD,GPIO_PIN_5);
79       printf("任务1运行中,每1000Ticks打印一次信息\r\n");
80       uwRet = LOS_TaskDelay(1000);
81    if(uwRet !=LOS_OK)
82      return;
83   }
84 }
85 /***************************************************************
86  * @ 函数名    : Creat_Test1_Task
87  * @ 功能说明  : 创建Test1_Task任务
88  * @ 参数      : 无
89  * @ 返回值    : 无
90 ***************************************************************/
91 static UINT32 Creat_Test1_Task()
92 {
93   //定义一个返回类型变量,初始化为LOS_OK
94   UINT32 uwRet = LOS_OK;
95   //定义一个用于创建任务的参数结构体
96   TSK_INIT_PARAM_S task_init_param;
97   task_init_param.usTaskPrio = 2;     /* 任务优先级,数值越小,优先级越高 */
98   task_init_param.pcName = "Test1_Task";/* 任务名 */
99   task_init_param.pfnTaskEntry = (TSK_ENTRY_FUNC)Test1_Task;/* 任务函数入口 */
100 task_init_param.uwStackSize = 0x1000;         /* 堆栈大小 */
101 uwRet = LOS_TaskCreate(&Test1_Task_Handle, &task_init_param);/* 创建任务 */
102 return uwRet;
103}
```

5. 创建中断服务函数 KEY1_IRQHandler()和 KEY2_IRQHandler()

```c
104/***************************************************************
105  * @ 函数名    : KEY1_IRQHandler
```

```
106     * @ 功能说明：  中断服务程序
107     * @ 参数     ：  无
108     * @ 返回值    ：  无
109     ***************************************************************/
110 void KEY1_IRQHandler(void) {
111   printf("KEY1 键触发中断!,sum1:%d\r\n\n",sum1++);//触发一次 KEY1 键中断,sum1
计数加 1
112     __HAL_GPIO_EXTI_CLEAR_FLAG(GPIO_PIN_4);//清除 KEY1 键标志
113 }
114 /***************************************************************
115     * @ 函数名   ：  KEY2_IRQHandler
116     * @ 功能说明：  中断服务程序
117     * @ 参数     ：  无
118     * @ 返回值    ：  无
119     ***************************************************************/
120 void KEY2_IRQHandler(void) {
121   printf("KEY2 键触发中断!,sum2:%d\r\n\n",sum2++);//触发一次 KEY2 键中断,sum2
计数加 1
122     __HAL_GPIO_EXTI_CLEAR_FLAG(GPIO_PIN_5);//清除 KEY2 键标志
123 }
```

6．定义任务和中断管理函数 AppTaskCreate()

```
124 /***************************************************************
125     * @ 函数名   ：  AppTaskCreate
126     * @ 功能说明：  任务创建，为了方便管理，所有的任务创建函数都可以放在这个函数里面
127     * @ 参数     ：  无
128     * @ 返回值    ：  无
129     ***************************************************************/
130 static void AppTaskCreate(void) {
131   UINTPTR uvIntSave;
132     /* 定义一个返回类型变量，初始化为 LOS_OK */
133 UINT32 uwRet = LOS_OK;
134 uwRet = Creat_Test1_Task();
135   if (uwRet != LOS_OK)
136   {
137     printf("Test1_Task 任务创建失败！失败代码 0x%X\n",uwRet);
138 }
139   uvIntSave = LOS_IntLock();/* 屏蔽所有中断 */
140   /* 创建硬件中断，用于配置硬件中断并注册硬件中断处理功能 */
141     LOS_HwiCreate( EXTI4_IRQn,
142     /* 平台的中断号，可以在 stm321431xx.h 文件中找到 */
143                 0, /* 硬件中断优先级，暂时忽略此参数 */
144                 0, /* 硬件中断模式，暂时忽略此参数 */
```

```
145                   KEY1_IRQHandler,        /* 中断服务函数 */
146                   0);   /* 触发硬件中断时使用的中断处理程序的输入参数 */
147    /* 创建硬件中断,用于配置硬件中断并注册硬件中断处理功能 */
148    LOS_HwiCreate(  EXTI9_5_IRQn,
149 /* 平台的中断号,可以在 stm321431xx.h 找得到。 */
150                   0, /* 硬件中断优先级 暂时忽略此参数 */
151                   0, /* 硬件中断模式 暂时忽略此参数 */
152                   KEY2_IRQHandler,        /* 中断服务函数 */
153                   0);   /* 触发硬件中断时使用的中断处理程序的输入参数 */
154    LOS_IntRestore(uvIntSave);        /* 恢复所有中断 */
155 }
156/* USER CODE END 0 */
```

7. 在主函数中修改代码

```
162int main(void)
163{
164  /* USER CODE BEGIN 1 */
165  UINT32 uwRet = LOS_OK;   //定义一个返回类型变量,初始化为LOS_OK
166  /* USER CODE END 1 */
167  /* MCU Configuration----------------------------------------*/
168  /* Reset of all peripherals, Initializes the Flash interface and the Systick. */
169  HAL_Init();
170  /* Configure the system clock */
171  SystemClock_Config();
172  /* Initialize all configured peripherals */
173  MX_GPIO_Init();
174  MX_USART1_UART_Init();
175  MX_USART2_UART_Init();
176  MX_USART3_UART_Init();
177  /* USER CODE BEGIN 2 */
178  printf("任务 9-1 接管中断的使用! \n\n");
179    /* LiteOS 内核初始化 */
180    uwRet = LOS_KernelInit();
181    if (uwRet != LOS_OK) {
182        printf("LiteOS 内核初始化失败! \n");
183        return LOS_NOK;
184    }
185    /* 创建App应用任务,所有的应用任务都可以放在这个函数里面 */
186    AppTaskCreate();
187  /* USER CODE END 2 */
188  /* 开启LiteOS任务调度 */
189  LOS_Start();
```

```
190   /* Infinite loop */
191   /* USER CODE BEGIN WHILE */
192   while (1);
193 }
```

8. 添加串口发送函数

```
251 /* USER CODE BEGIN 4 */
252 int fputc(int ch, FILE *f)
253 {
254   HAL_UART_Transmit(&huart3, (uint8_t *)&ch, 1, 0xFFFF);
255   return ch;
256 }
257 /* USER CODE END 4 */
```

9. 移除 Systick 和 Pendsv 中断

打开 stm32l4xx_it.c，找到 SysTick_Handler 和 PendSV_Handler 两个函数，将这两个中断处理函数屏蔽掉。

10. 查看运行结果

编译并下载程序到开发板中。打开串口调试助手，复位开发板，按下 KEY1 键触发 KEY1 键中断，sum1 变量加 1；按下 KEY2 键触发 KEY2 键中断，sum2 变量加 1。运行结果如图 9-6 所示。

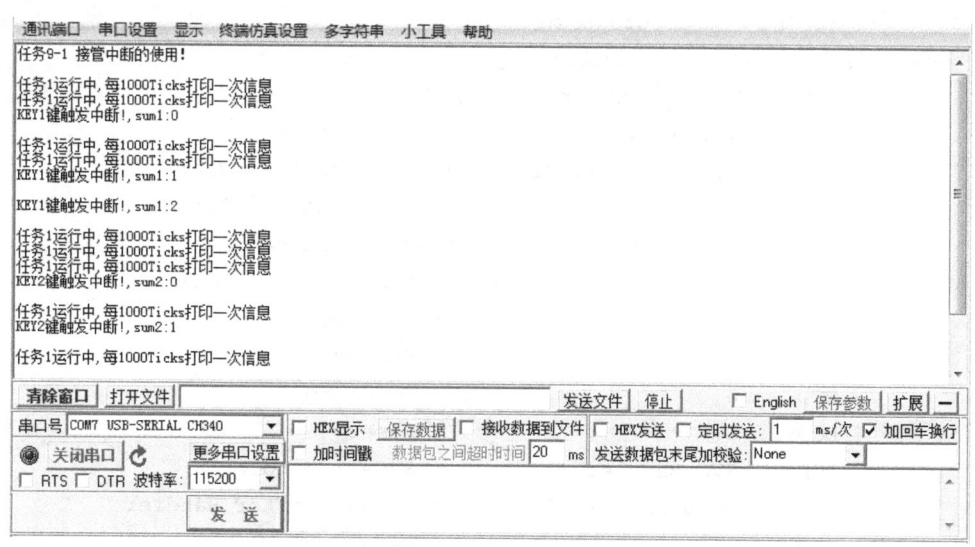

图 9-6 任务 9-1 运行结果

说明：

第 112 行：__HAL_GPIO_EXTI_CLEAR_FLAG(GPIO_PIN_4);用作清除 KEY1 键中断标志，如果不加此行代码，将无法跳出中断触发，进入无限循环。

9.4 非接管中断方式

Cortex-M 系列内核的中断是由硬件管理的，而 LiteOS 是软件，它可以不接管系统相关中断，非接管中断方式的使用其实跟裸机是差不多的，需要用户自己配置中断，并且使能中断，编写中断服务函数，在中断服务函数中使用内核 IPC 通信机制，一般建议使用信号量或事件做标记，等退出中断后再由相关任务处理。

非接管中断方式指 STM32 Hal 库提供回调函数，当发生中断时，跳转到对应中断向量处，执行之前存放好的中断处理函数。

在 STM32CubeMX 生成的工程文件中，都含有一个 startup_stm32xxxx.s 汇编文件，一般把它叫作"启动文件"，里面分配了一片连续的空间，实现了中断向量表，在每个中断处理函数上用 weak 来修饰，意思就是可以在其他文件中重写这个中断处理函数。startup_stm32l431xx.s 文件的部分代码如下：

```
53 ; Vector Table Mapped to Address 0 at Reset
54          AREA    RESET, DATA, READONLY
55          EXPORT  __Vectors
56          EXPORT  __Vectors_End
57          EXPORT  __Vectors_Size
59 __Vectors   DCD   __initial_sp        ; Top of Stack
60          DCD     Reset_Handler        ; Reset Handler
61          DCD     NMI_Handler          ; NMI Handler
62          DCD     HardFault_Handler    ; Hard Fault Handler
63          DCD     MemManage_Handler    ; MPU Fault Handler
64          DCD     BusFault_Handler     ; Bus Fault Handler
65          DCD     UsageFault_Handler   ; Usage Fault Handler
66          DCD     0                    ; Reserved
67          DCD     0                    ; Reserved
68          DCD     0                    ; Reserved
69          DCD     0                    ; Reserved
70          DCD     SVC_Handler          ; SVCall Handler
71          DCD     DebugMon_Handler     ; Debug Monitor Handler
72          DCD     0                    ; Reserved
73          DCD     PendSV_Handler       ; PendSV Handler
74          DCD     SysTick_Handler      ; SysTick Handler
76          ; External Interrupts
77          DCD     WWDG_IRQHandler      ; Window WatchDog
78          DCD     PVD_PVM_IRQHandler   ; PVD/PVM1/PVM2/PVM3/PVM4 through EXTI Line detection
```

```
79          DCD      TAMP_STAMP_IRQHandler    ; Tamper and TimeStamps through
the EXTI line
80          DCD      RTC_WKUP_IRQHandler      ; RTC Wakeup through the EXTI line
81          DCD      FLASH_IRQHandler         ; FLASH
82          DCD      RCC_IRQHandler           ; RCC
83          DCD      EXTI0_IRQHandler         ; EXTI Line0
84          DCD      EXTI1_IRQHandler         ; EXTI Line1
85          DCD      EXTI2_IRQHandler         ; EXTI Line2
86          DCD      EXTI3_IRQHandler         ; EXTI Line3
87          DCD      EXTI4_IRQHandler         ; EXTI Line4
```

当发生特定中断时，如发生外部中断 0（EXTI0_IRQHandler）时，就会跳转到 stm32xxx_it.c 文件的 void EXTI0_IRQHandler（void）函数中处理，在该函数中又调用了 Hal 库的 stm32xxx_hal_gpio.c 文件中的 void HAL_GPIO_EXTI_IRQHandler(uint16_t GPIO_Pin)函数。

任务 9-2　非接管中断的使用

任务描述

在 LiteOS 中创建一个使 LED1 翻转的任务，以非接管中断方式处理中断，当按下 KEY1 键时，触发 KEY1 键中断，sum1 变量加 1；当按下 KEY2 键时，触发 KEY2 键中断，sum2 变量加 1。

任务实现

1. 重新配置工程文件

复制第 2 章中移植好 LiteOS 的工程（非接管中断），单击 TEST 目录下的 TEST.ioc 文件，打开 STM32CubeMX 的工程文件进行重新配置。

（1）分别配置 PA4、PA5 引脚（KEY1 和 KEY2 键）为 GPIO_EXTI4、GPIO_EXTI5 模式，如图 9-3 所示。

（2）在 GPIO 配置界面中配置 PA4、PA5 为上升沿触发、Pull-up 上拉，如图 9-4 所示。

（3）在左侧列表中选择"NVIC"，勾选"EXTI line4 interrupt"和"EXTI line[9:5] interrupts"复选框，如图 9-7 所示。

（4）单击"GENERATE CODE"按钮，弹出"Code Generation"对话框，单击"Open Project"按钮，如图 9-5 所示，打开 TEST 工程。

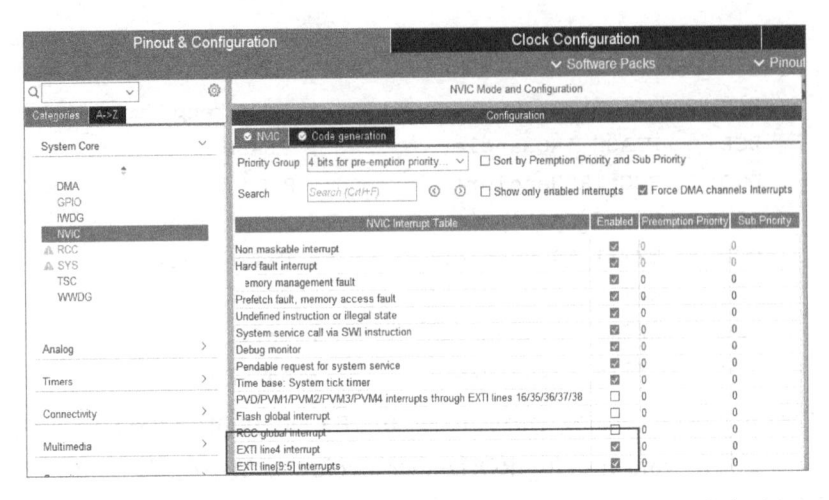

图 9-7　勾选 "EXTI line4 interrupt" 和 "EXTI line[9:5] interrupts" 复选框

2. 在 TEST 工程中，修改 main.c 文件，添加头文件

```
27  /* LiteOS 头文件 */
28  #include "los_sys.h"
29  #include "los_typedef.h"
30  #include "los_task.ph"
31  /* USER CODE END Includes */
```

3. 定义任务 ID 变量

```
60  /* USER CODE BEGIN 0 */
61  /* 定义任务 ID 变量 */
62  UINT32 Test1_Task_Handle;
```

4. 定义任务实现函数 Test1_Task() 和任务创建函数 Creat_Test1_Task()

```
63  /************************************************************
64   * @ 函数名    : Test1_Task
65   * @ 功能说明  : Test1_Task 任务实现
66   * @ 参数      : 无
67   * @ 返回值    : 无
68   ************************************************************/
69  static void Test1_Task(void)
70  {
71      UINT32 uwRet = LOS_OK;
72      while(1)
73      {
74          HAL_GPIO_TogglePin(GPIOD,GPIO_PIN_5);
75          printf("任务 1 运行中,每 1000Ticks 打印一次信息\r\n");
76          uwRet = LOS_TaskDelay(1000);
77          if(uwRet !=LOS_OK)
```

```
78        return;
79     }
80  }
81  /***************************************************************
82   * @ 函数名    : Creat_Test1_Task
83   * @ 功能说明 : 创建 Test1_Task 任务
84   * @ 参数     : 无
85   * @ 返回值   : 无
86   **************************************************************/
87  static UINT32 Creat_Test1_Task()
88  {
89     //定义一个返回类型变量，初始化为 LOS_OK
90     UINT32 uwRet = LOS_OK;
91     //定义一个用于创建任务的参数结构体
92     TSK_INIT_PARAM_S task_init_param;
93     task_init_param.usTaskPrio = 0;  /* 任务优先级，数值越小，优先级越高 */
94     task_init_param.pcName = "Test1_Task";/* 任务名 */
95     task_init_param.pfnTaskEntry = (TSK_ENTRY_FUNC)Test1_Task;/* 任务函数入口 */
96     task_init_param.uwStackSize = 0x1000;        /* 堆栈大小 */
97     uwRet = LOS_TaskCreate(&Test1_Task_Handle, &task_init_param);/* 创建任务 */
98     return uwRet;
99  }
```

5. 定义任务管理函数 AppTaskCreate()

```
100 /***************************************************************
101  * @ 函数名    : AppTaskCreate
102  * @ 功能说明 : 任务创建，为了方便管理，所有的任务创建函数都可以放在这个函数里面
103  * @ 参数     : 无
104  * @ 返回值   : 无
105  **************************************************************/
106 static UINT32 AppTaskCreate(void)
107 {
108 /* 定义一个返回类型变量，初始化为 LOS_OK */
109 UINT32 uwRet = LOS_OK;
110 uwRet = Creat_Test1_Task();
111   if (uwRet != LOS_OK)
112   {
113      printf("Test1_Task任务创建失败！失败代码 0x%X\n",uwRet);
114      return uwRet;
115   }
116 return LOS_OK;
117 }
118 /* USER CODE END 0 */
```

6. 在主函数中修改代码

```
124 int main(void)
125 {
126     /* USER CODE BEGIN 1 */
127     UINT32 uwRet = LOS_OK;  //定义一个返回类型变量，初始化为LOS_OK
128     /* USER CODE END 1 */
129     /* MCU Configuration----------------------------------------*/
130     /* Reset of all peripherals, Initializes the Flash interface and the Systick. */
131     HAL_Init();
132     /* Configure the system clock */
133     SystemClock_Config();
134     /* Initialize all configured peripherals */
135     MX_GPIO_Init();
136     MX_USART1_UART_Init();
137     MX_USART2_UART_Init();
138     MX_USART3_UART_Init();
139     /* USER CODE BEGIN 2 */
140     printf("任务9-2 非接管中断的使用！\n\n");
141     /* LiteOS 内核初始化 */
142     uwRet = LOS_KernelInit();
143     if (uwRet != LOS_OK) {
144         printf("LiteOS 内核初始化失败！\n");
145         return LOS_NOK;
146     }
147     /* 创建App应用任务，所有的应用任务都可以放在这个函数里面 */
148     AppTaskCreate();
149     /* 开启LiteOS任务调度 */
150     LOS_Start();
151     /* USER CODE END 2 */
152     /* Infinite loop */
153     /* USER CODE BEGIN WHILE */
154     while (1);
155 }
```

7. 添加串口发送函数

```
213 /* USER CODE BEGIN 4 */
214 int fputc(int ch, FILE *f)
215 {
216     HAL_UART_Transmit(&huart3, (uint8_t *)&ch, 1, 0xFFFF);
```

```
217    return ch;
218}
219/* USER CODE END 4 */
```

8. 修改 stm32l4xx_it.c 文件

(1) 添加头文件。

```
24 #include "stdio.h"
```

(2) 定义全局变量 sum1、sum2。

```
55 /* USER CODE BEGIN 0 */
56 /* 定义全局变量sum1、sum2 */
57 uint32_t sum1;
58 uint32_t sum2;
```

(3) 移除 Systick 和 Pendsv 中断

找到 SysTick_Handler 和 PendSV_Handler 两个函数，将这两个中断处理函数屏蔽掉。

(4) 修改 KEY1 和 KEY2 键的中断服务函数。

```
206/**
207  * @brief This function handles EXTI line4 interrupt.
208  */
209void EXTI4_IRQHandler(void)
210{
211   HAL_GPIO_EXTI_IRQHandler(GPIO_PIN_4);
212  /* USER CODE BEGIN EXTI4_IRQn 1 */
213 printf("KEY1 键触发中断!,sum1:%d\r\n\n",sum1++);//触发一次 KEY1 键中断, sum1
计数加 1
214    __HAL_GPIO_EXTI_CLEAR_FLAG(GPIO_PIN_4);//清除KEY1 键标志
215  /* USER CODE END EXTI4_IRQn 1 */
216}
217/**
218  * @brief This function handles EXTI line[9:5] interrupts.
219  */
220void EXTI9_5_IRQHandler(void)
221{
222   HAL_GPIO_EXTI_IRQHandler(GPIO_PIN_5);
223  /* USER CODE BEGIN EXTI9_5_IRQn 1 */
224printf("KEY2 键触发中断!,sum2:%d\r\n\n",sum2++);//触发一次 KEY2 键中断, sum2
计数加 1
225    __HAL_GPIO_EXTI_CLEAR_FLAG(GPIO_PIN_5);//清除KEY2 键标志
226  /* USER CODE END EXTI9_5_IRQn 1 */
227}
```

9. 查看运行结果

编译并下载程序到开发板中。打开串口调试助手，复位开发板，按下 KEY1 键触发 KEY1 键中断，sum1 变量加 1；按下 KEY2 键触发 KEY2 键中断，sum2 变量加 1。运行结果如图 9-8 所示。

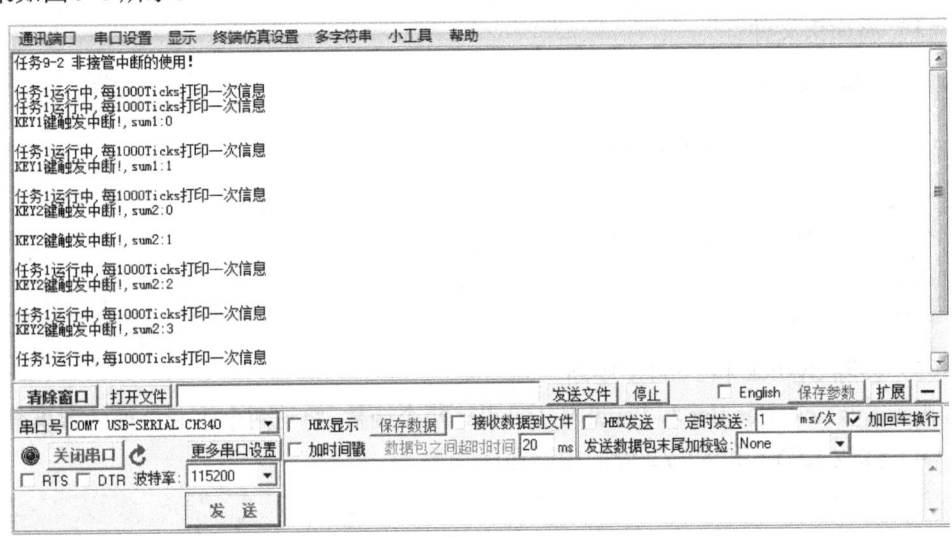

图 9-8　任务 9-2 运行结果

第10章 内存管理

内存是嵌入式系统中重要的硬件资源,内存非常珍贵,尤其是物联网终端设备上,内存往往只有几十兆字节,因此,合理分配、使用内存非常重要。内存管理是物联网操作系统中非常重要的一部分。

本章将介绍内存管理的基本概念、内存管理的运行机制、静态内存和动态内存的使用。

学习目标

- 能够描述 LiteOS 内存管理的基本概念;
- 能够说出 LiteOS 内存管理的运行机制;
- 掌握 LiteOS 静态内存的使用;
- 掌握 LiteOS 动态内存的使用。

10.1 内存管理的基本概念

内存管理是指程序运行时对内存资源进行分配和使用的技术,其主要目的是高效、快速地分配内存,并在适当的时候释放和回收内存资源。

LiteOS 内存管理模块用于管理系统的内存资源,它是操作系统的核心模块之一,主要包括内存的初始化、分配及释放。在系统运行过程中,内存管理模块通过对内存的申请/释放来管理内存的使用,使内存的利用率和使用效率达到最优,同时最大限度地解决系统的内存碎片问题。

LiteOS 的内存管理分为静态内存管理和动态内存管理,提供内存初始化、分配、释放等功能。

（1）动态内存：在动态内存池（内存池，即预先规划的一定数量的存储器区块）中分配用户指定大小的内存块。

优点：按需分配。

缺点：动态内存池中可能出现碎片。

（2）静态内存：在静态内存池中分配用户初始化时预设（固定）大小的内存块。

优点：分配和释放效率高，静态内存池中无碎片。

缺点：只能申请到初始化时预设大小的内存块，不能按需申请。

根据所设计系统的特点，用户可以选择使用动态内存分配策略或静态内存分配策略，一些可靠性要求非常高的系统应选择使用静态内存分配策略，而普通的业务系统可以使用动态内存分配策略以提高系统内存利用率。

10.2 内存管理的运行机制

1. 动态内存管理运行机制

动态内存管理，即在内存资源充足的情况下，从系统配置一块比较大的连续内存（内存池，其大小为 OS_SYS_MEM_SIZE），根据用户的需求，分配任意大小的内存块，当用户不需要该内存块时，又可以释放回系统，供下一次使用。

LiteOS 动态内存支持 BESTFIT（也称为 DLINK）和 BESTFIT_LITTLE 两种内存管理算法。

BESTFIT_LITTLE 算法是在 BESTFIT 算法的基础上加入了 SLAB 机制，用于分配固定大小的内存块，进而减小产生内存碎片的可能性。

动态内存管理的方法可在用户工程目录下的 OS_CONFIG 中的 target_config.h 文件中配置。在该文件中，找到下面这两项宏定义，若置为 YES，则表示使能。

开启 BESTFIT 算法：

```
#define LOSCFG_MEMORY_BESTFIT    YES
```

开启 SLAB 机制：

```
#define LOSCFG_KERNEL_MEM_SLAB    YES
```

LiteOS 内存管理中的 SLAB 机制支持可配置的 SLAB CLASS 数目及每个 CLASS 的最大空间。BESTFIT_LITTLE 动态内存管理结构如图 10-1 所示。

（1）初始化内存，调用 LOS_MemInit()函数。

首先，初始化一个内存池。

然后，在初始化后的内存池中生成一个内存信息管理节点（LOS_HEAP_MANAGER），如图 10-1 中的第一部分所示。

最后，申请 n 个 SLAB CLASS，逐个按照 SLAB 内存管理机制初始化 n 个 SLAB CLASS，每个 SLAB CLASS 都由一个 LOS_HEAP_NODE 进行管理。

第一部分：内存池头部，管理整个内存池			第二部分：SLAB CLASS，这部分内存按照SLAB机制管理并分配	第三部分：内存池剩余部分，这部分内存按照BESTFIT_LITTLE算法管理并分配
节点头指针，指向内存池中的第一个节点	节点尾指针，指向内存池中的最后一个节点	内存池总大小	多个OS_SLAB_MEM结构，每个结构控制一个第二部分的SLAB CLASS	每个SLAB CLASS作为从动态内存池中分配出来的一个内存块，被LOS_HEAP_NODE结构管理，链接于整个内存池。SLAB CLASS同时被第一部分的OS_SLAB_MEM结构管理，内部划分为大小相同的SLAB块，用于向用户分配固定大小的内存块	用户申请动态内存时，内存管理先向SLAB CLASS申请，申请失败时将从这部分内存空间中按照最佳适配算法分配，每一个内存块都由LOS_HEAP_NODE结构管理，LOS_HEAP_NODE结构中有一个指向前一LOS_HEAP_NODE结构的指针，用于将所有的内存块（不管是空闲的还是非空闲的）链接在一起，并用内存池头部LOS_HEAP_MANAGER结构中的头尾节点指针指示内存块链表中的第一个和最后一个内存块
LOS_HEAP_MANAGER			多个SLAB CLASS	由LOS_HEAP_NODE结构管理的内存块

图 10-1　BESTFIT_LITTLE 动态内存管理结构

（2）申请内存，调用 LOS_MemAlloc()函数。

每次申请内存时，先在满足申请大小的最佳 SLAB CLASS 中申请，如果申请成功，就将 SLAB 内存块整块返回给用户，释放时整块回收，若满足条件的 SLAB CLASS 中已无可以分配（最佳的，而不是更大的）的内存块，则继续向内存池按照最佳适配算法申请。

（3）释放内存，调用 LOS_MemFree()函数。

释放内存时，先检查释放的内存块是否属于 SLAB CLASS，若属于 SLAB CLASS，则归还到对应的 SLAB CLASS 中，否则，归还到内存池中。

2．静态内存管理运行机制

静态内存实质上是一块静态数组，静态内存池内的块大小在初始化时设定，初始化后块大小不可变更。静态内存池由一个控制块和若干相同大小的内存块构成。控制块位于内存池头部，用于内存块管理。内存块的申请和释放以块大小为粒度。静态内存池结构如图 10-2 所示。

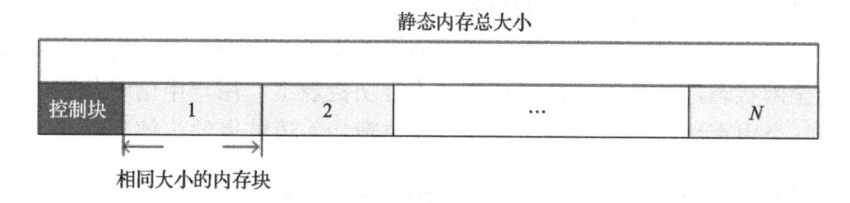

	静态内存总大小			
控制块	1	2	…	N

相同大小的内存块

图 10-2　静态内存池结构

10.3　静态内存的使用

当用户需要使用固定长度的内存时，可以使用静态内存分配的方式获取内存。

使用静态内存的典型场景开发流程如下。

（1）规划一片内存区域作为静态内存池。

（2）调用 LOS_MemboxInit()函数初始化静态内存池。初始化会将入参指定的内存区域分割为 N 块（N 值取决于静态内存总大小和块大小），将所有内存块挂到空闲链表，在内存起始处放置控制头。

（3）调用 LOS_MemboxAlloc()函数分配静态内存，系统将会从空闲链表中获取第一个空闲块，并返回该内存块的起始地址。

（4）调用 LOS_MemboxClr()函数，将入参地址对应的内存块清零。

（5）调用 LOS_MemboxFree()函数，将该内存块加入空闲链表中，释放内存。

10.3.1 静态内存控制块

在静态内存管理中，LiteOS 通过控制块保存内存的相关信息，如内存块的大小、内存块的个数、已经分配使用的块数、内存块链接指针等。静态内存控制块定义在 LiteOS 源目录下的 "\kernel\include\los_membox.h" 文件中，其代码结构如下：

```
typedef struct
{
    UINT32              uwBlkSize;          /* 内存块的大小 */
    UINT32              uwBlkNum;           /* 内存块的个数 */
    UINT32              uwBlkCnt;           /* 已经分配使用的块数 */
    LOS_MEMBOX_NODE     stFreeList;         /* 内存块链接指针 */
} LOS_MEMBOX_INFO;
```

LOS_MEMBOX_INFO 表示静态内存池信息的结构体，是内存池的头部，共 12 字节，存放于内存池最开始的位置。其中：

（1）uwBlkSize：内存池中每个内存块的大小，4 字节对齐。

（2）uwBlkNum：内存池中内存块的个数，是内存池的总大小减去头部 12 字节后整除 uwBlkSize 的结果，整除后若存在不够一个内存块的区域，则该区域直接浪费掉。

（3）uwBlkCnt：已经分配使用的块数。

（4）stFreeList：内存块链接指针，链接内存池中的空闲内存块，初始化完成时所有内存块处于空闲状态，并且都被链接在空闲内存块链表上。用户申请时从空闲内存块链表头部取下一个内存块，用户释放时将内存块重新加入该链表的头部。

10.3.2 静态内存初始化函数 LOS_MemboxInit()

在初次使用静态内存时，需要将静态内存池初始化，用户必须要设定内存池的起始地址、总大小及每个内存块的大小，静态内存初始化函数为 LOS_MemboxInit()，其语法要点如表 10-1 所示。

表 10-1　LOS_MemboxInit()函数语法要点

函数原型	LITE_OS_SEC_TEXT_INIT UINT32 LOS_MemboxInit(VOID *pBoxMem, UINT32 uwBoxSize, UINT32 uwBlkSize)
函数传入值	*pBoxMem：指向静态内存池的指针
	uwBoxSize：静态内存池的总大小
	uwBlkSize：静态内存池中每个内存块的大小

函数返回值	LOS_OK：静态内存池初始化成功
	LOS_NOK：出错

初始化后的内存示意图如图 10-3 所示。

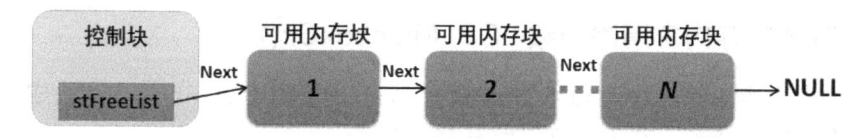

图 10-3 初始化后的内存示意图

10.3.3 静态内存分配函数 LOS_MemboxAlloc()

在初始化静态内存池之后才能分配内存，静态内存分配函数为 LOS_MemboxAlloc()，用于从特定的静态内存池中申请一个内存块，其语法要点如表 10-2 所示。

表 10-2 LOS_MemboxAlloc()函数语法要点

函数原型	LITE_OS_SEC_TEXT VOID *LOS_MemboxAlloc(VOID *pBoxMem)
函数传入值	*pBoxMem：指向静态内存池的指针
函数返回值	内存块的可用起始地址：静态内存分配成功
	错误代码：出错

分配内存示意图如图 10-4 所示。

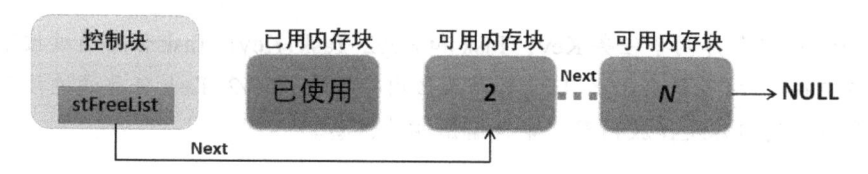

图 10-4 分配内存示意图

10.3.4 静态内存释放函数 LOS_MemboxFree()

当内存块不再使用的时候，就应该把内存归还给系统，否则可能导致系统内存不足。静态内存释放函数为 LOS_MemboxFree()，使用该函数可以将内存块归还到对应的静态内存池中，其语法要点如表 10-3 所示。

表 10-3 LOS_MemboxFree()函数语法要点

函数原型	LITE_OS_SEC_TEXT UINT32 LOS_MemboxFree(VOID *pBoxMem, VOID *pBox)
函数传入值	*pBoxMem：指向静态内存池的指针
	*pBox：指向要释放的内存块的指针
函数返回值	LOS_OK：静态内存释放成功
	错误代码：出错

释放内存示意图如图 10-5 所示。

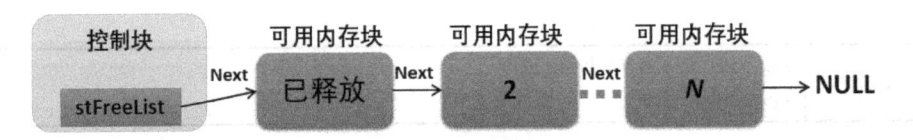

图 10-5 释放内存示意图

10.3.5 静态内存内容清除函数 LOS_MemboxClr()

静态内存内容清除函数为 LOS_MemboxClr()，主要用于用户申请内存块成功以后，将可用内存块区域清零，其语法要点如表 10-4 所示。

表 10-4 LOS_MemboxClr()函数语法要点

函数原型	LITE_OS_SEC_TEXT_MINOR VOID LOS_MemboxClr(VOID *pBoxMem, VOID *pBox)
函数传入值	*pBoxMem：静态内存池的起始地址
	*pBox：内存块的用户使用地址，不是内存块的原始地址
函数返回值	错误代码：内存池地址为 NULL 或者内存块地址为 NULL

任务 10-1　静态内存管理

任务描述

在 LiteOS 中创建两个任务 Key1_Task 和 Key2_Task，Key1_Task 任务通过按下 KEY1 分配静态内存，并将系统当前的 Tick 数写入该内存块中；Key2_Task 任务通过按下 KEY2 清除内存块中的内容及释放内存，串口输出相关信息。

任务实现

1. 添加头文件

打开第 2 章中移植好 LiteOS 的工程 TEST，修改 main.c 文件，添加头文件。

```
26 /* USER CODE BEGIN Includes */
27 /* LiteOS 头文件 */
28 #include "los_sys.h"
29 #include "los_task.ph"
30 #include "los_membox.h"
31 /* USER CODE END Includes */
```

2. 定义任务 ID 变量、相关宏定义、全局变量声明

```
60 /* USER CODE BEGIN 0 */
61 /* 定义任务 ID 变量 */
62 UINT32 Key1_Task_Handle;
```

```
63  UINT32 Key2_Task_Handle;
64  /* 相关宏定义 */
65  #define   MEM_BOXSIZE    128           //内存池大小
66  #define   MEM_BLKSIZE    16            //内存块大小
67  /*************** 全局变量声明 ********************/
68  static UINT32 BoxMem[MEM_BOXSIZE*MEM_BLKSIZE];
69  UINT32 *p_Num = NULL;                  //指向读写内存池地址的指针
```

3. 创建和管理任务 Key1_Task、Key2_Task

（1）定义任务实现函数 Key1_Task()、Key2_Task()。

```
71  /*************************************************************
72   * @ 函数名   : Key1_Task
73   * @ 功能说明 : Key1_Task 任务实现
74   * @ 参数     : 无
75   * @ 返回值   : 无
76   *************************************************************/
77  static void Key1_Task(void)
78  {
79  //定义一个返回类型变量
80  UINT32 uwRet;
81      printf("正在初始化静态内存池...................\n");
82  /* 初始化内存池 */
83  uwRet = LOS_MemboxInit( &BoxMem[0],       /* 内存池地址 */
84                          MEM_BOXSIZE,      /* 内存池大小 */
85                          MEM_BLKSIZE);     /* 内存块大小 */
86  if (uwRet != LOS_OK)
87      printf("内存池初始化失败\n\n");
88  else
89      printf("内存池初始化成功!\n\n");
90  /* 任务都是无限循环的,不能返回 */
91  while(1)
92  {
93      /* KEY1 被按下 */
94      if( !HAL_GPIO_ReadPin(GPIOA,GPIO_PIN_4))
95      {
96      if(NULL == p_Num)
97          {
98              printf("正在向内存池申请内存...................\n");
99              /* 向已经初始化的内存池申请内存 */
100             p_Num = (UINT32*)LOS_MemboxAlloc(BoxMem);
101             if (NULL == p_Num)
102                 printf("申请内存失败!\n");
103             else
```

```
104           {
105               printf("申请内存成功!地址为 0x%X \n",(uint32_t)p_Num);
106                 //向内存池中写入当前系统时间
107               sprintf((char*)p_Num,"当前系统 TickCount = %d",(UINT32)LOS_TickCountGet());
108               printf("写入的数据是 %s \n\n",(char*)p_Num);
109           }
110       }
111       else
112           printf("请先按下 KEY2 释放内存再申请\n");
113       LOS_TaskDelay(200);
114   }
115   LOS_TaskDelay(20);          //每 20ms 扫描一次
116 }
117 }
118 /**************************************************************
119  * @ 函数名   :   Key2_Task
120  * @ 功能说明 :   Key2_Task 任务实现
121  * @ 参数     :   无
122  * @ 返回值   :   无
123 **************************************************************/
124 static void Key2_Task(void)
125 {
126   //定义一个返回类型变量,初始化为 LOS_OK
127   UINT32 uwRet = LOS_OK;
128   /* 任务都是无限循环的,不能返回 */
129   while(1)
130   {
131       /* KEY2 被按下 */
132       if( !HAL_GPIO_ReadPin(GPIOA,GPIO_PIN_5) )
133       {
134           if(NULL != p_Num)
135           {
136               printf("清除前内存信息是 %s ,地址为 0x%X \n", (char*)p_Num, (uint32_t)p_Num);
137               printf("正在清除 p_Num 的内容......................\n");
138               LOS_MemboxClr(BoxMem, p_Num);  /* 清除 p_Num 地址的内容 */
139               printf("清除后内存信息是 %s ,地址为 0x%X \n\n", (char*)p_Num, (uint32_t)p_Num);
140               printf("正在释放内存............................\n");
141               uwRet = LOS_MemboxFree(BoxMem, p_Num);
142               if (LOS_OK == uwRet)
143               {
```

```
144                printf("内存释放成功!\n\n");//内存释放成功
145                p_Num = NULL;
146            }
147            else
148            {
149                printf("内存释放失败!\n");//内存释放失败
150            }
151        }
152        else
153        printf("请先按下 KEY1 申请内存再释放\n");
154        LOS_TaskDelay(200);
155    }
156    LOS_TaskDelay(20);         //每20ms 扫描一次
157 }
158}
```

（2）定义任务创建函数 Creat_Key1_Task()、Creat_Key2_Task()。

```
159/*****************************************************************
160 * @ 函数名    :  Creat_Key1_Task
161 * @ 功能说明：创建 Key1_Task 任务
162 * @ 参数      :  无
163 * @ 返回值    :  无
164 *****************************************************************/
165static UINT32 Creat_Key1_Task()
166{
167 //定义一个返回类型变量，初始化为 LOS_OK
168 UINT32 uwRet = LOS_OK;
169 //定义一个用于创建任务的参数结构体
170 TSK_INIT_PARAM_S task_init_param;
171 task_init_param.usTaskPrio = 4; /* 任务优先级,数值越小,优先级越高 */
172 task_init_param.pcName = "Key1_Task";/* 任务名 */
173 task_init_param.pfnTaskEntry = (TSK_ENTRY_FUNC)Key1_Task;/* 任务函数入口 */
174 task_init_param.uwStackSize = 1024;      /* 堆栈大小 */
175 uwRet = LOS_TaskCreate(&Key1_Task_Handle, &task_init_param);/* 创建任务 */
176 return uwRet;
177}
178/*****************************************************************
179 * @ 函数名    :  Creat_Key2_Task
180 * @ 功能说明：创建 Key2_Task 任务
181 * @ 参数      :  无
182 * @ 返回值    :  无
183 *****************************************************************/
184static UINT32 Creat_Key2_Task()
```

```
185 {
186 // 定义一个返回类型变量,初始化为 LOS_OK
187 UINT32 uwRet = LOS_OK;
188 TSK_INIT_PARAM_S task_init_param;
189 task_init_param.usTaskPrio = 5;   /* 任务优先级,数值越小,优先级越高 */
190 task_init_param.pcName = "Key2_Task";   /* 任务名 */
191 task_init_param.pfnTaskEntry = (TSK_ENTRY_FUNC)Key2_Task;/* 任务函数入口 */
192 task_init_param.uwStackSize = 1024; /* 堆栈大小 */
193 uwRet = LOS_TaskCreate(&Key2_Task_Handle, &task_init_param);/* 创建任务 */
194 return uwRet;
195 }
```

(3) 定义任务管理函数 AppTaskCreate()。

```
196 /*************************************************************
197  * @ 函数名    :   AppTaskCreate
198  * @ 功能说明  :   任务创建,为了方便管理,所有的任务创建函数都可以放在这个函数里面
199  * @ 参数      :   无
200  * @ 返回值    :   无
201  *************************************************************/
202 static UINT32 AppTaskCreate(void)
203 {
204 /* 定义一个返回类型变量,初始化为 LOS_OK */
205 UINT32 uwRet = LOS_OK;
206 uwRet = Creat_Key1_Task();
207 if (uwRet != LOS_OK)
208 {
209     printf("Key1_Task 任务创建失败!失败代码 0x%X\n",uwRet);
210     return uwRet;
211 }
212 uwRet = Creat_Key2_Task();
213 if (uwRet != LOS_OK)
214 {
215     printf("Key2_Task 任务创建失败!失败代码 0x%X\n",uwRet);
216     return uwRet;
217 }
218 return LOS_OK;
219 }
220 /* USER CODE END 0 */
```

4. 在主函数中修改代码

```
226 int main(void)
227 {
228  /* USER CODE BEGIN 1 */
229 UINT32 uwRet = LOS_OK;    //定义一个返回类型变量,初始化为 LOS_OK
```

```
230  /* USER CODE END 1 */
231  /* MCU Configuration----------------------------------------*/
232  /* Reset of all peripherals, Initializes the Flash interface and the
Systick. */
233  HAL_Init();
234  /* Configure the system clock */
235  SystemClock_Config();
236  /* Initialize all configured peripherals */
237  MX_GPIO_Init();
238  MX_USART1_UART_Init();
239  MX_USART2_UART_Init();
240  MX_USART3_UART_Init();
241 /* LiteOS 内核初始化 */
242  uwRet = LOS_KernelInit();
243    if (uwRet != LOS_OK)
244  {
245     printf("LiteOS 内核初始化失败！失败代码 0x%X\n",uwRet);
246     return LOS_NOK;
247  }
248 printf("任务 10-1 静态内存管理！\n\n");
249 uwRet = AppTaskCreate();
250 if (uwRet != LOS_OK)
251 {
252     printf("AppTaskCreate 创建任务失败！失败代码 0x%X\n",uwRet);
253     return LOS_NOK;
254 }
255 /* 开启 LiteOS 任务调度 */
256 LOS_Start();
257 /* Infinite loop */
258 while (1);
259}
```

5. 添加串口发送函数

```
317 /* USER CODE BEGIN 4 */
318 int fputc(int ch, FILE *f)
319 {
320   HAL_UART_Transmit(&huart3, (uint8_t *)&ch, 1, 0xFFFF);
321   return ch;
322 }
323 /* USER CODE END 4 */
```

6. 查看运行结果

编译并下载程序到开发板中。打开串口调试助手，复位开发板，按下 KEY1 申请内存，并将系统当前的 Tick 数写入该内存块中；按下 KEY2 清除、释放内存。运行结果如图 10-6 所示。

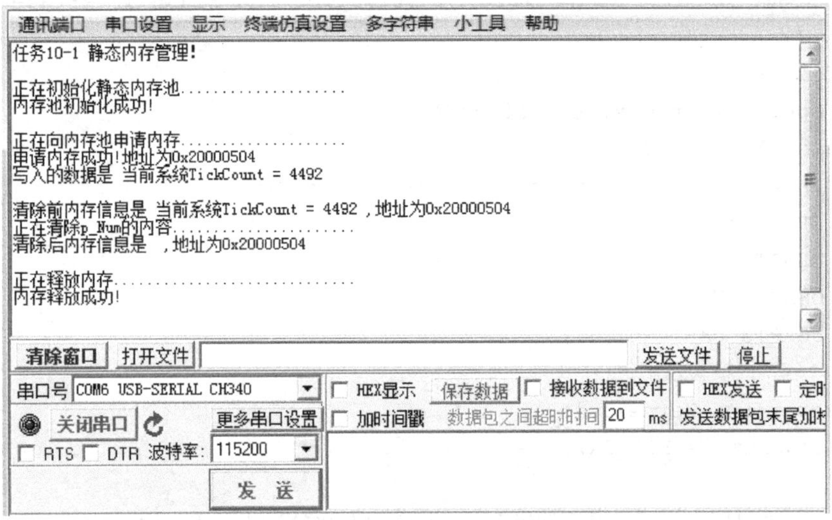

图 10-6　任务 10-1 运行结果

10.4　动态内存的使用

　　动态内存主要应用于用户需要使用大小不等的内存块的场景。当用户需要分配内存时，可以通过操作系统的动态内存申请函数索取指定大小的内存块，一旦使用完毕，通过动态内存释放函数归还所占用内存，使内存可以重复使用。

　　使用动态内存分配时，需要在文件 target_config.h 中配置动态内存池起始地址与大小（一般使用默认值即可）。OS_SYS_MEM_ADDR 宏定义表示系统动态内存池起始地址；OS_SYS_MEM_SIZE 宏定义表示系统动态内存池大小，以字节为单位。

　　使用动态内存的典型场景开发流程如下。

　　（1）使用 LOS_MemInit()函数初始化内存堆。

　　在系统内核初始化时就已将内存堆初始化。

　　（2）使用 LOS_MemAlloc()函数分配指定大小的内存块。

　　判断动态内存池中是否存在申请量大小的空间，若存在，则划出一块内存块，以指针形式返回；若不存在，则返回 NULL。

　　（3）使用 LOS_MemFree()函数释放动态内存。

　　回收内存块，供下一次使用。

10.4.1　动态内存初始化函数 LOS_MemInit()

　　LiteOS 在内核初始化的时候会将系统内存堆进行初始化，动态内存初始化函数为

LOS_MemInit()，用于将一段连续的内存空间初始化为一个动态内存池，其语法要点如表 10-5 所示。

表 10-5　LOS_MemInit()函数语法要点

函数原型	LITE_OS_SEC_TEXT_INIT UINT32 LOS_MemInit(VOID *pPool, UINT32 uwSize)
函数传入值	*pPool：指向内存堆的指针
	uwSize：要分配的内存大小，以字节为单位
函数返回值	LOS_OK：动态内存初始化成功
	LOS_NOK：出错

内存堆初始化完成的示意图如图 10-7 所示。

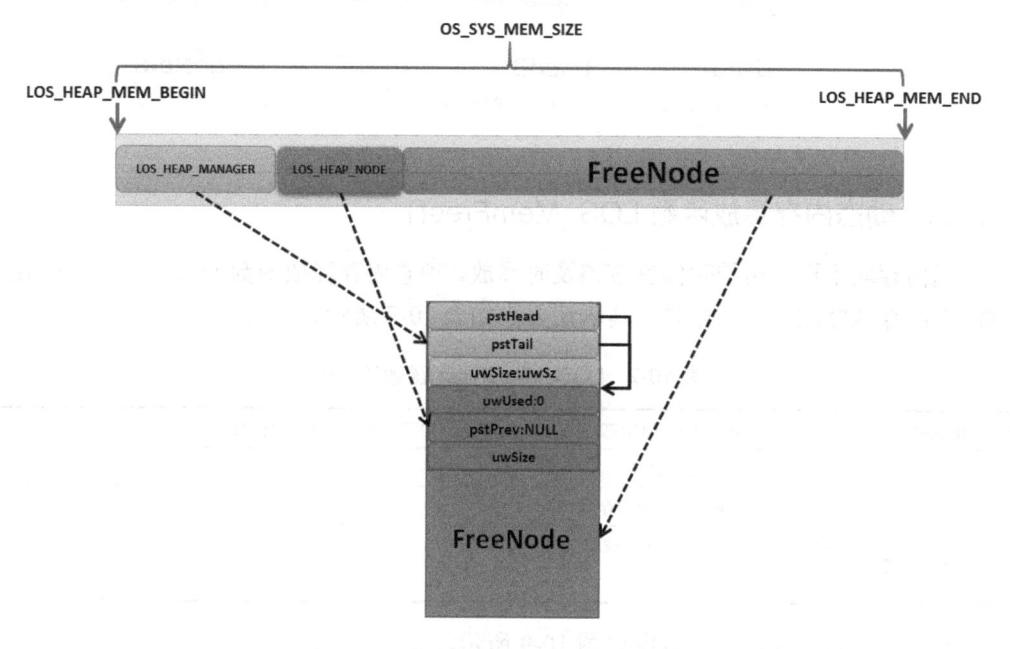

图 10-7　内存堆初始化完成的示意图

10.4.2　动态内存申请函数 LOS_MemAlloc()

动态内存申请函数为 LOS_MemAlloc()。分配内存时，系统从内存信息管理节点的 pstTail 指向的内存块开始，遍历整个内存块链表，查找合适的内存块，如果某个空闲内存块的大小能容得下用户要申请的内存，则将从这块内存中取出用户需要的内存空间返回给用户，剩下的内存块组成一个新的空闲块，插入空闲内存块链表中，极大提高了内存的利用率。LOS_MemAlloc()函数语法要点如表 10-6 所示。

表 10-6　LOS_MemAlloc()函数语法要点

函数原型	LITE_OS_SEC_TEXT VOID *LOS_MemAlloc (VOID *pPool, UINT32 uwSize)
函数传入值	*pPool：指向内存堆的指针
	uwSize：动态内存池大小
函数返回值	指向已分配内存的指针：动态内存分配成功

内存分配完成的示意图如图 10-8 所示。

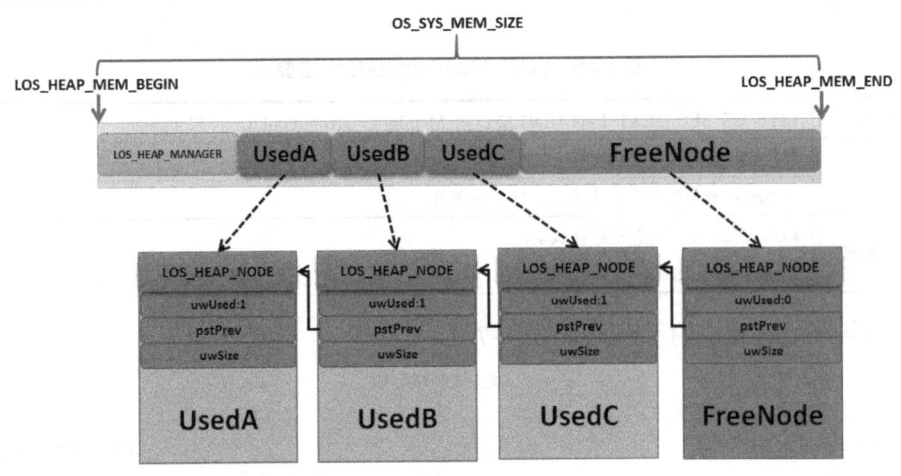

图 10-8 内存分配完成的示意图

10.4.3 动态内存释放函数 LOS_MemFree()

当内存块不再使用的时候就应该及时释放，动态内存释放函数 LOS_MemFree()用于向动态内存池释放一个内存块，其语法要点如表 10-7 所示。

表 10-7 LOS_MemFree()函数语法要点

函数原型	LITE_OS_SEC_TEXT UINT32 LOS_MemFree(VOID *pPool, VOID *pMem)
函数传入值	*pPool：指向内存堆的指针
	*pMem：指向要释放的内存块指针
函数返回值	LOS_OK：动态内存释放成功
	LOS_NOK：出错

动态内存释放完成的示意图如图 10-9 所示。

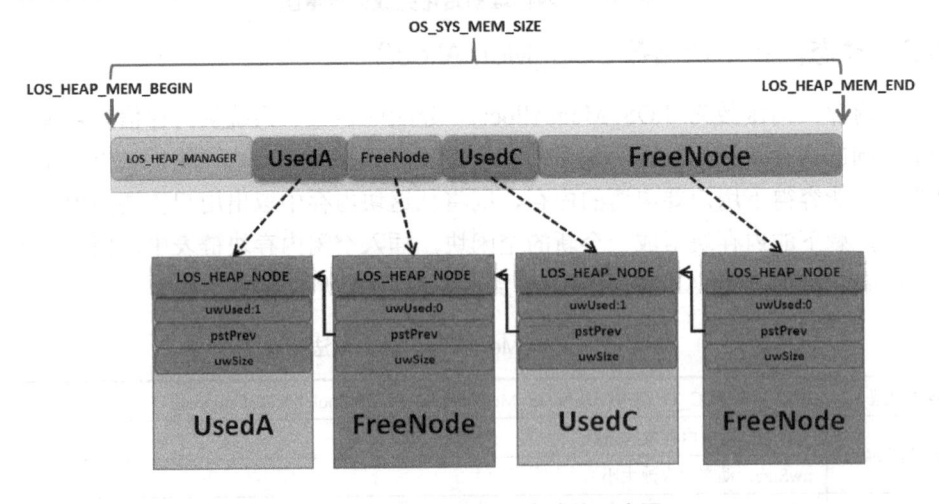

图 10-9 动态内存释放完成的示意图

任务 10-2 动态内存管理

❖ 任务描述

在 LiteOS 中创建两个任务 Key1_Task 和 Key2_Task，Key1_Task 任务通过按下 KEY1 动态分配内存，并将系统当前的 Tick 数写入内存中；Key2_Task 任务通过按下 KEY2 释放内存，串口输出相关信息。

⏰ 任务实现

1. 添加头文件

打开第 2 章中移植好 LiteOS 的工程 TEST，修改 main.c 文件，添加头文件。

```
26 /* USER CODE BEGIN Includes */
27 /* LiteOS 头文件 */
28 #include "los_sys.h"
29 #include "los_task.ph"
30 #include "los_memory.h"
31 /* USER CODE END Includes */
```

2. 定义任务 ID 变量、相关宏定义、全局变量声明

```
60 /* USER CODE BEGIN 0 */
61 /* 定义任务 ID 变量 */
62 UINT32 Key1_Task_Handle;
63 UINT32 Key2_Task_Handle;
64 /* 相关宏定义 */
65 #define     MALLOC_MEM_SIZE    16    //申请内存的大小（字节）
66 /********************** 全局变量声明 ************************/
67 UINT32 *p_Num = NULL;              //指向读写内存地址的指针
```

3. 创建和管理任务 Key1_Task、Key2_Task

（1）定义任务实现函数 Key1_Task()、Key2_Task()。

```
68 /***********************************************************
69  * @ 函数名  : Key1_Task
70  * @ 功能说明: Key1_Task 任务实现
71  * @ 参数    : NULL
72  * @ 返回值  : NULL
73  **********************************************************/
74 static void Key1_Task(void)
75 {
```

```c
76  // 定义一个返回类型变量
77  UINT32 uwRet;
78  /* 任务都是无限循环的, 不能返回 */
79  while(1)
80  {
81     /* KEY1 被按下 */
82     if(!HAL_GPIO_ReadPin(GPIOA,GPIO_PIN_4) )
83     {
84       if(NULL == p_Num)
85       {
86          printf("正在分配内存.....................\n");
87          p_Num = (UINT32*)LOS_MemAlloc(m_aucSysMem0,MALLOC_MEM_SIZE);
88          if (NULL == p_Num)
89              printf("分配内存失败!\n");
90          else
91          {
92              printf("分配内存成功!地址为 0x%X \n",(uint32_t)p_Num);
93              //向动态内存中中写入数据:当前系统时间
94              sprintf((char*)p_Num,"当前系统 TickCount = %d",(UINT32)LOS_TickCountGet());
95              printf("写入的数据是 %s \n\n",(char*)p_Num);
96          }
97       }
98       else
99          printf("请先按下 KEY2 释放内存再分配\n");
100       LOS_TaskDelay(200);
101    }
102    LOS_TaskDelay(20);      //每 20ms 扫描一次
103 }
104 }
105 /***********************************************************
106 * @ 函数名    : Key2_Task
107 * @ 功能说明  : Key2_Task 任务实现
108 * @ 参数     : 无
109 * @ 返回值   : 无
110 **********************************************************/
111 static void Key2_Task(void)
112 {
113  // 定义一个返回类型变量, 初始化为 LOS_OK
114  UINT32 uwRet = LOS_OK;
115  /* 任务都是无限循环的, 不能返回 */
116  while(1)
117  {
```

```c
118     /* KEY2 被按下 */
119 if( !HAL_GPIO_ReadPin(GPIOA,GPIO_PIN_5))
120     {
121       if(NULL != p_Num)
122       {
123             printf("正在释放内存....................\n");
124             uwRet = LOS_MemFree(m_aucSysMem0,p_Num);
125             if (LOS_OK == uwRet)
126             {
127                 printf("内存释放成功!\n\n");//内存释放成功
128                 p_Num = NULL;
129             }
130             else
131             {
132                 printf("内存释放失败!\n\n");//内存释放失败
133             }
134       }
135       else
136       printf("请先按下KEY1分配内存再释放\n\n");
137       LOS_TaskDelay(200);
138     }
139     LOS_TaskDelay(20);        //每20ms扫描一次
140 }
141 }
```

（2）定义任务创建函数 Creat_Key1_Task()、Creat_Key2_Task()。

```c
142 /************************************************************
143  * @ 函数名    : Creat_Key1_Task
144  * @ 功能说明  : 创建 Key1_Task 任务
145  * @ 参数      : 无
146  * @ 返回值    : 无
147  ***********************************************************/
148 static UINT32 Creat_Key1_Task()
149 {
150 //定义一个返回类型变量，初始化为LOS_OK
151 UINT32 uwRet = LOS_OK;
152 //定义一个用于创建任务的参数结构体
153 TSK_INIT_PARAM_S task_init_param;
154 task_init_param.usTaskPrio = 4; /* 任务优先级，数值越小，优先级越高 */
155 task_init_param.pcName = "Key1_Task";/* 任务名 */
156 task_init_param.pfnTaskEntry = (TSK_ENTRY_FUNC)Key1_Task;/* 任务函数入口 */
157 task_init_param.uwStackSize = 1024;      /* 堆栈大小 */
158 uwRet=LOS_TaskCreate(&Key1_Task_Handle, &task_init_param);/* 创建任务 */
```

```
159     return uwRet;
160 }
161 /*****************************************************************
162  * @ 函数名    :  Creat_Key2_Task
163  * @ 功能说明  :  创建 Key2_Task 任务
164  * @ 参数      :  无
165  * @ 返回值    :  无
166  *****************************************************************/
167 static UINT32 Creat_Key2_Task()
168 {
169   // 定义一个返回类型变量,初始化为 LOS_OK
170   UINT32 uwRet = LOS_OK;
171   TSK_INIT_PARAM_S task_init_param;
172   task_init_param.usTaskPrio = 5;  /* 任务优先级,数值越小,优先级越高 */
173   task_init_param.pcName = "Key2_Task";      /* 任务名 */
174   task_init_param.pfnTaskEntry = (TSK_ENTRY_FUNC)Key2_Task;/* 任务函数入口 */
175   task_init_param.uwStackSize = 1024; /* 堆栈大小 */
176   uwRet = LOS_TaskCreate(&Key2_Task_Handle, &task_init_param);/* 创建任务 */
177   return uwRet;
178 }
```

（3）定义任务管理函数 AppTaskCreate()。

```
179 /*****************************************************************
180  * @ 函数名    :  AppTaskCreate
181  * @ 功能说明  :  任务创建,为了方便管理,所有的任务创建函数都可以放在这个函数里面
182  * @ 参数      :  无
183  * @ 返回值    :  无
184  *****************************************************************/
185 static UINT32 AppTaskCreate(void)
186 {
187   /* 定义一个返回类型变量,初始化为 LOS_OK */
188   UINT32 uwRet = LOS_OK;
189   uwRet = Creat_Key1_Task();
190   if (uwRet != LOS_OK)
191   {
192       printf("Key1_Task 任务创建失败! 失败代码 0x%X\n",uwRet);
193       return uwRet;
194   }
195   uwRet = Creat_Key2_Task();
196   if (uwRet != LOS_OK)
197   {
198       printf("Key2_Task 任务创建失败! 失败代码 0x%X\n",uwRet);
199       return uwRet;
```

```
200  }
201  return LOS_OK;
202 }
203 /* USER CODE END 0 */
```

4. 在主函数中修改代码

```
209 int main(void)
210 {
211   /* USER CODE BEGIN 1 */
212   UINT32 uwRet = LOS_OK;     //定义一个返回类型变量，初始化为LOS_OK
213   /* USER CODE END 1 */
214   /* MCU Configuration--------------------------------------*/
215   /* Reset of all peripherals, Initializes the Flash interface and the Systick. */
216   HAL_Init();
217   /* Configure the system clock */
218   SystemClock_Config();
219   /* Initialize all configured peripherals */
220   MX_GPIO_Init();
221   MX_USART1_UART_Init();
222   MX_USART2_UART_Init();
223   MX_USART3_UART_Init();
224 /* LiteOS 内核初始化 */
225   uwRet = LOS_KernelInit();
226   if (uwRet != LOS_OK)
227   {
228     printf("LiteOS 内核初始化失败！失败代码 0x%X\n",uwRet);
229     return LOS_NOK;
230   }
231 printf("任务 10-2 动态内存管理！\n\n");
232 uwRet = AppTaskCreate();
233 if (uwRet != LOS_OK)
234 {
235     printf("AppTaskCreate 创建任务失败！失败代码 0x%X\n",uwRet);
236     return LOS_NOK;
237 }
238   /* 开启 LiteOS 任务调度 */
239   LOS_Start();
240   /* Infinite loop */
241   while (1);
242 }
```

5. 添加串口发送函数

```
300/* USER CODE BEGIN 4 */
301int fputc(int ch, FILE *f)
302{
303   HAL_UART_Transmit(&huart3, (uint8_t *)&ch, 1, 0xFFFF);
304   return ch;
305}
306/* USER CODE END 4 */
```

6. 查看运行结果

编译并下载程序到开发板中。打开串口调试助手,复位开发板,按下 KEY1 动态分配内存,并将系统当前的 Tick 数写入该内存块中;按下 KEY2 释放内存。运行结果如图 10-10 所示。

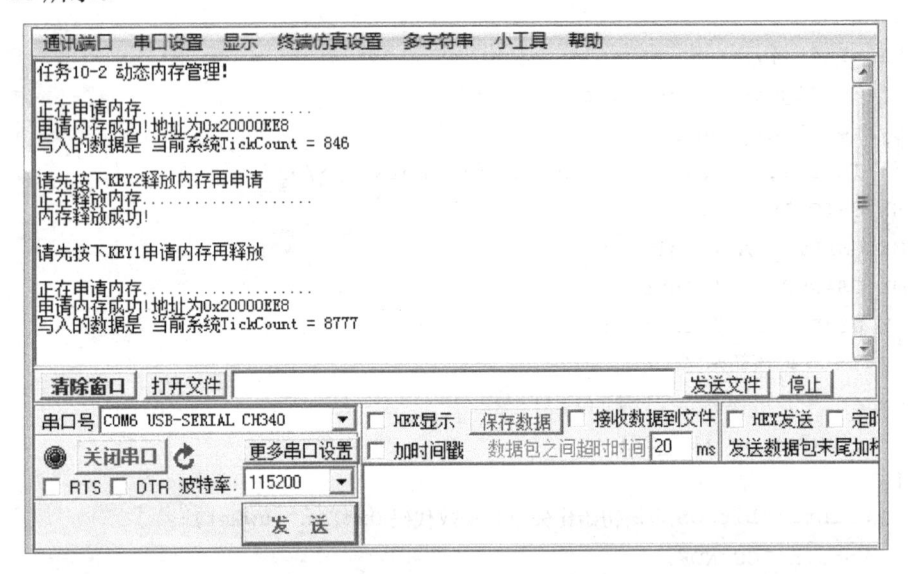

图 10-10 任务 10-2 运行结果

第 11 章
LiteOS 实战——人体感应场景

本章将综合运用所学知识，进行 LiteOS 的实战演练。利用华为 NB-IoT 全栈实验实训箱，实现人体感应场景实验。

学习目标

- 掌握在 LiteOS 操作系统中运行外设的方法；
- 掌握在 LiteOS 基础上进行编程的能力；
- 完成实战项目——人体感应场景。

11.1 人体感应场景实验介绍

人体感应场景实验可进行人体运动状态检测，当有人体靠近时，主控板上的 TFT 显示屏显示"有人运动"，同时在串口调试助手中输出相应信息。人体感应场景实验拓扑图如图 11-1 所示。实验中使用了多任务、时间管理、中断管理等知识，通过本实验，读者可学习和掌握 LiteOS 操作系统在实践中的应用。

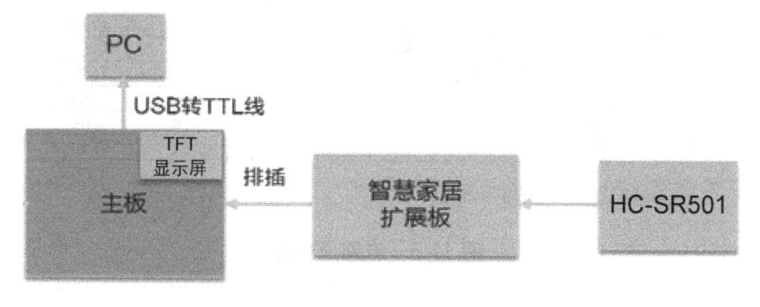

图 11-1 人体感应场景实验拓扑图

11.2 人体感应场景系统硬件组成

系统硬件使用华为NB-IoT全栈实验实训箱,主控板采用MCU型号为STM32L431VCT6的STM32开发板,板上带有TFT显示模块等。扩展板上有HC-SR501红外感应模块。主控板与扩展板连接如图11-2所示。

图11-2 主控板与扩展板连接

11.3 原理图解析

如图11-3所示,红外感应模块HC-SR501输出信号引脚为DI3,DI3引脚通过扩展板的P2排线接口和主控板的P5排线接口,连接到MCU的PC8引脚,后续代码中将会对MCU的PC8引脚进行设置。

MCU通过PC8引脚监控红外感应模块DI3引脚状态,当红外感应模块感应到有人体靠近时,DI3引脚被拉升为高电平,MCU判断为有人运动;当红外感应模块未感应到有人体靠近时,DI3引脚被拉低为低电平,MCU判断为无人运动。

TFT显示模块涉及MCU的PE9~PE15引脚,后续会通过STM32CubeMX软件配置这些引脚。

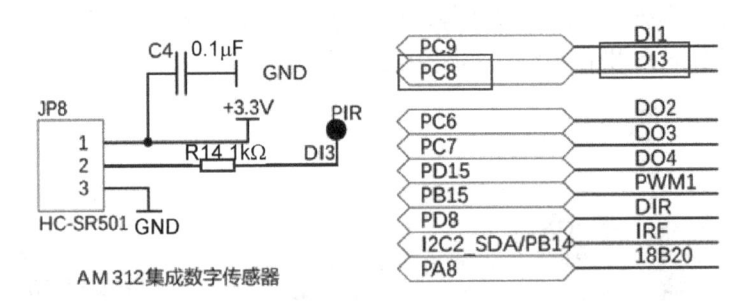

图11-3 电路原理图

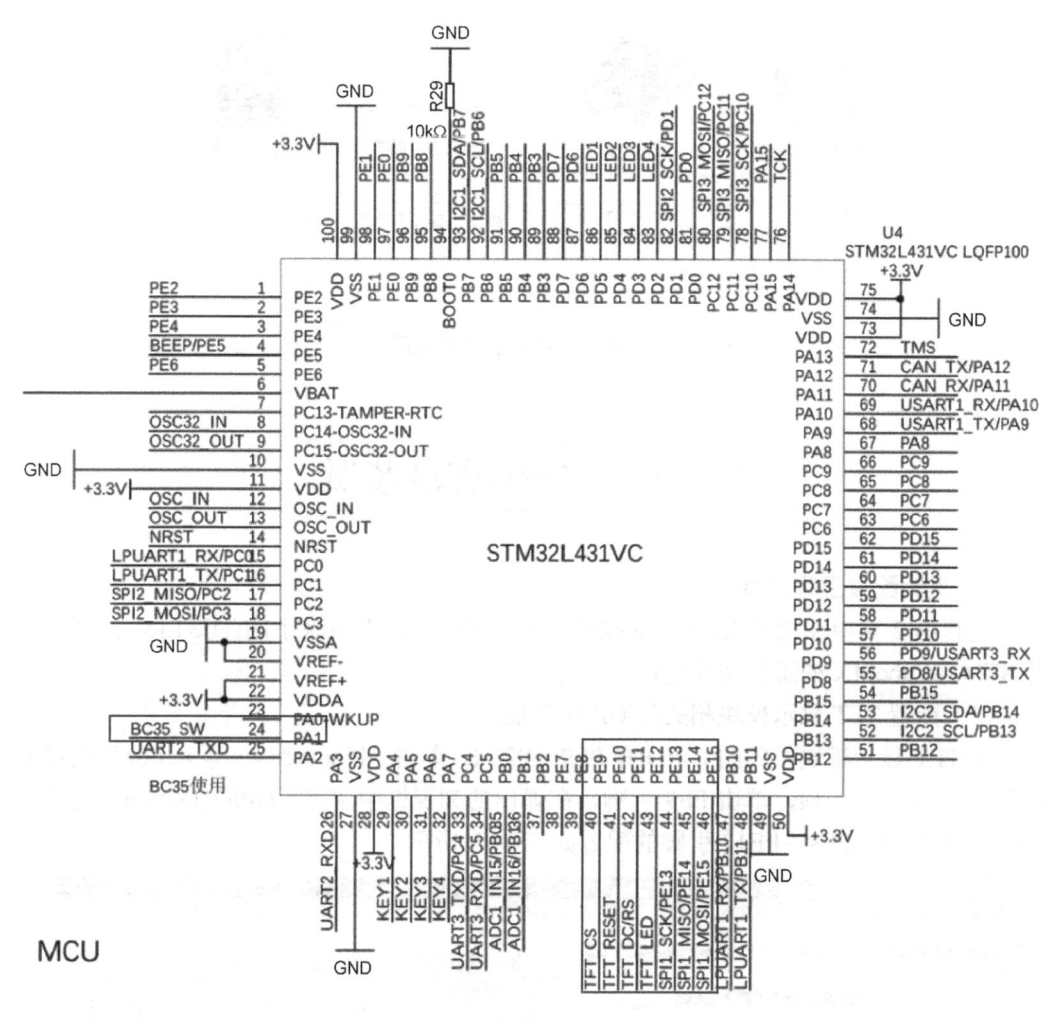

图 11-3　电路原理图（续）

11.4　系统数据流转关系

系统启动后，初始化 GPIO 引脚、串口和 SPI1 总线，创建控制任务 creat_control_task() 和显示任务 creat_view_task()，控制任务 control_task() 调用 HC_SR501_Init() 函数初始化人体感应传感器，通过 get_bodyinput() 函数读取 PC8 引脚状态（HC_SR501_Read_State()），即人体感应状态，并给结构体变量 HomeView.BodyInput 赋值，存储当前传感器状态。当 HomeView.BodyInput 的值为 1 时，控制任务 control_task() 通过串口调试助手输出"有人运动"，显示任务 creat_view_task() 在 TFT 显示屏上显示"有人运动"。系统数据流转关系如图 11-4 所示。

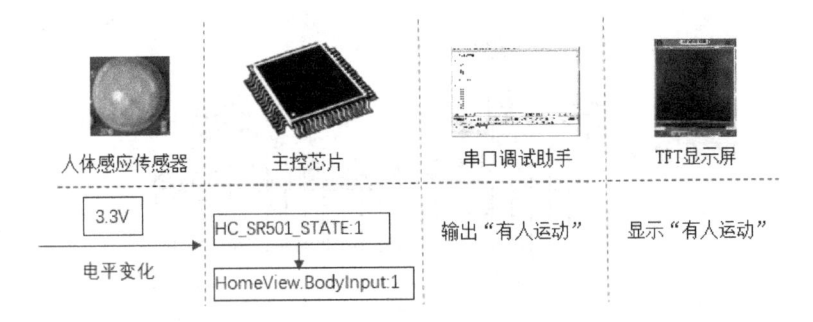

图 11-4 系统数据流转关系

11.5 系统实现步骤

1. 重新配置工程文件

复制第 2 章中移植好 LiteOS 的裸机工程,双击 TEST 目录下的 TEST.ioc 文件,打开 STM32CubeMX 的工程文件进行重新配置。

(1) 配置 TFT 显示模块相关的 GPIO 功能。

与 TFT 显示模块相关的 GPIO 有 PE9~PE12,单击"Pinout&Configuration"选项卡左侧的"GPIO"选项,单击 PE9 引脚,在弹出的列表框中选择"GPIO_Output"选项,如图 11-5 所示,PE9~PE12 引脚的配置如表 11-1 所示。

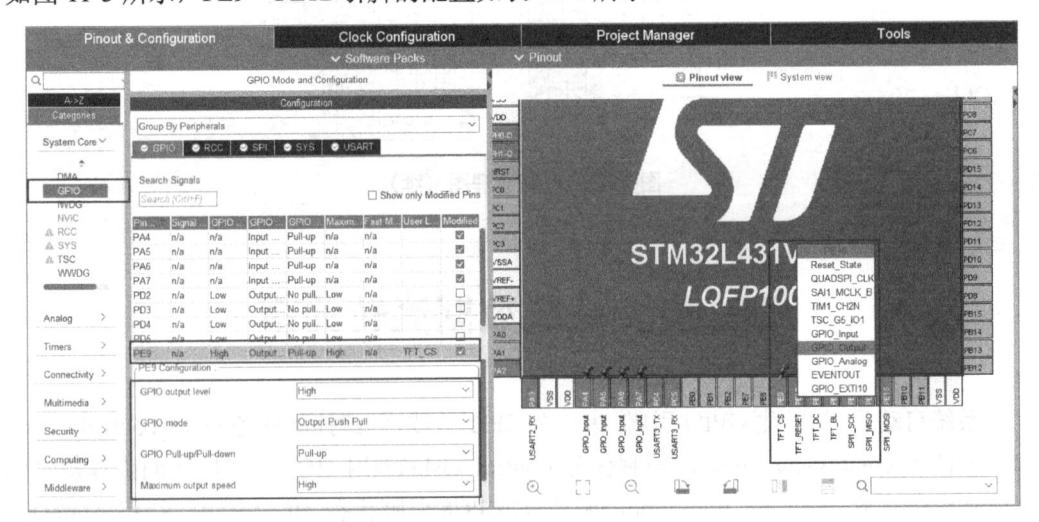

图 11-5 PE9~PE12 引脚的配置

表 11-1 PE9~PE12 引脚的配置

配置项	PE9 引脚	PE10 引脚	PE11 引脚	PE12 引脚
GPIO output level	High	High	Low	High
GPIO mode	Output Push Pull	Output Push Pull	Output Push Pull	Output Push Pull

第 11 章 LiteOS 实战——人体感应场景

续表

配置项	PE9 引脚	PE10 引脚	PE11 引脚	PE12 引脚
GPIO Pull-up/Pull-down	Pull-up	Pull-up	Pull-up	Pull-up
Maximum output speed	High	High	Low	High
User Label	TFT_CS	TFT_RESET	TFT_DC	TFT_BL

（2）配置 TFT 显示模块相关的 SPI 功能。

单击"Pinout&Configuration"选项卡左侧的"SPI1"选项，选择"Full-Duplex Master"模式，在"Parameter Settings"选项卡中，将"Data Size"设置为"8 Bits"。单击 PE13 引脚，在弹出的列表框中选择"SPI1_SCK"选项；单击 PE14 引脚，在弹出的列表框中选择"SPI1_MISO"选项；单击 PE15 引脚，在弹出的列表框中选择"SPI1_MOSI"选项。SPI1 的配置如图 11-6 所示。

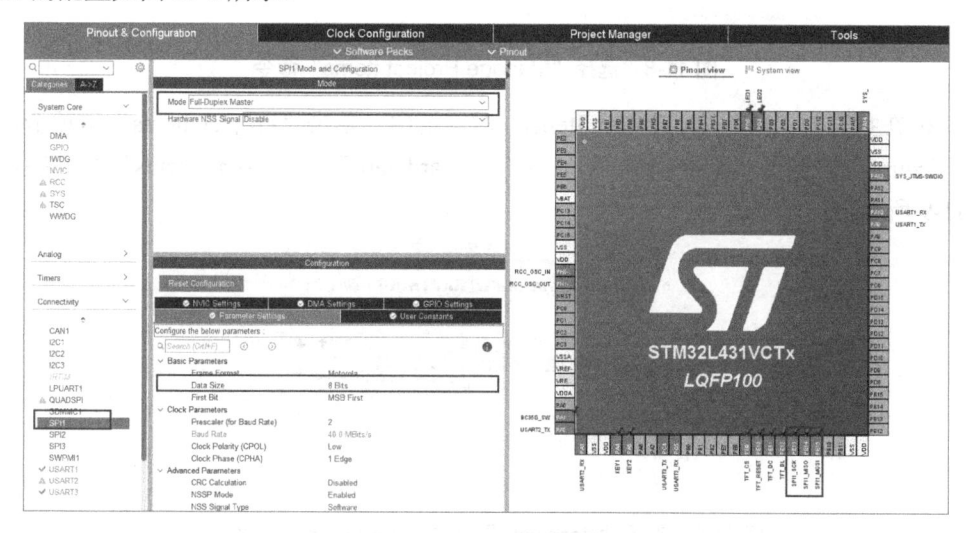

图 11-6 SPI1 的配置

（3）单击"GENERATE CODE"按钮，弹出"Code Generation"对话框，单击"Open Project"按钮，打开 TEST 工程。

2．添加人体感应传感器、TFT 显示模块驱动程序及相关文件

（1）复制"Components"和"Hardware"文件夹至 TEST 工程文件夹中，如图 11-7 所示。

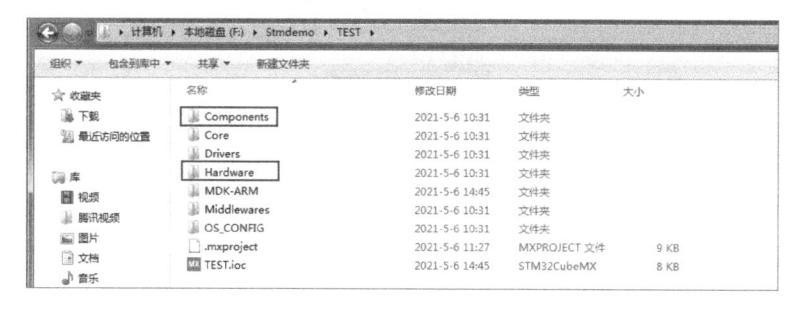

图 11-7 复制"Components"和"Hardware"文件夹至 TEST 工程文件夹中

(2) 导入驱动及相关文件。

① 在"TEST\MDK-ARM"目录下,双击"TEST.uvprojx"文件,打开工程,右击"Project"窗格下的"TEST"选项,在弹出的快捷菜单中选择"Manage Project Items"命令,如图 11-8 所示。

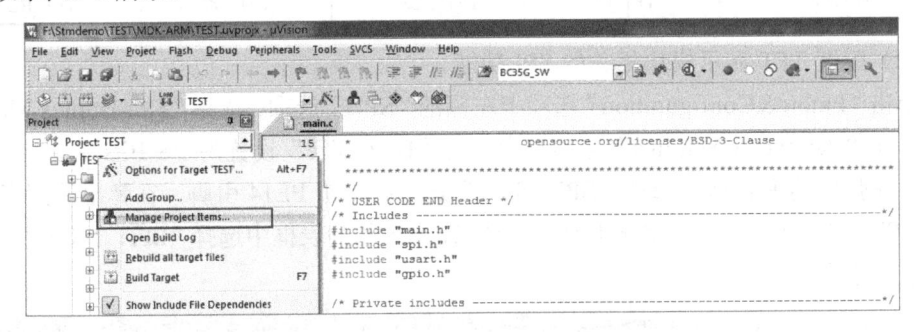

图 11-8 选择"Manage Project Items"命令

② 在打开的"Manage Project Items"对话框中,单击"Project Items"选项卡,单击"Groups"右侧的"new"按钮,新建"Hardware"和"Components"文件夹,如图 11-9 所示。

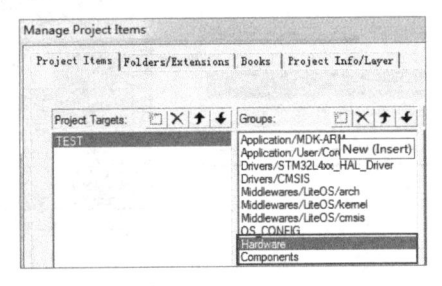

图 11-9 新建"Hardware"和"Components"文件夹

③ 选择"Hardware"文件夹,单击"Add Files"按钮,添加"hc_sr501.c"和"lcd.c"文件(文件在"TEST\ Hardware"目录下),如图 11-10 所示。

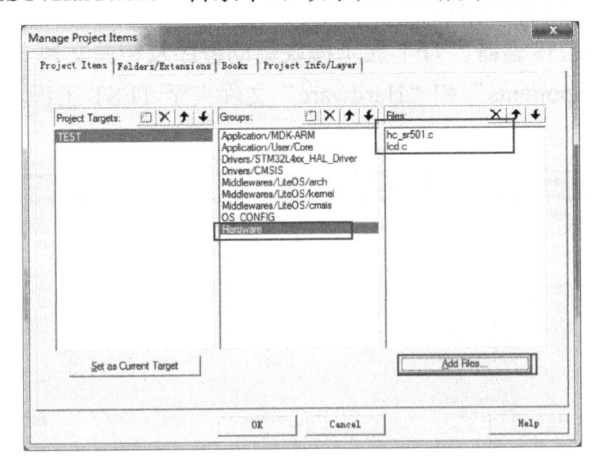

图 11-10 在"Hardware"文件夹下添加文件

④ 以相同的方法，在"Components"文件夹下添加"GUI.c"文件，如图 11-11 所示。

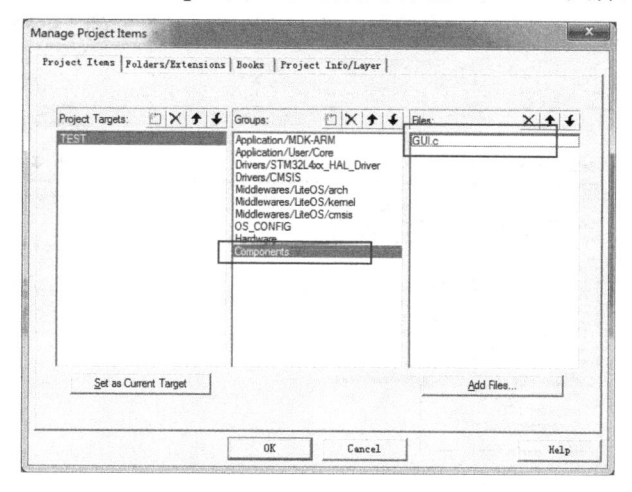

图 11-11　在"Components"文件夹下添加文件

（3）导入头文件。

① 右击"Project"窗格下的"TEST"选项，在弹出的快捷菜单中选择"Options for Target 'TEST'"命令，如图 11-12 所示。

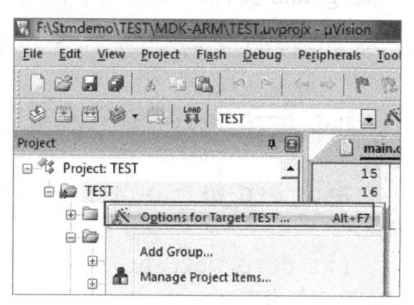

图 11-12　选择"Options for Target 'TEST'"命令

② 在打开的"Options for Target 'TEST'"对话框中，单击"C/C++"选项卡，单击"Include Paths"文本框后的按钮，添加文件，如图 11-13 所示。

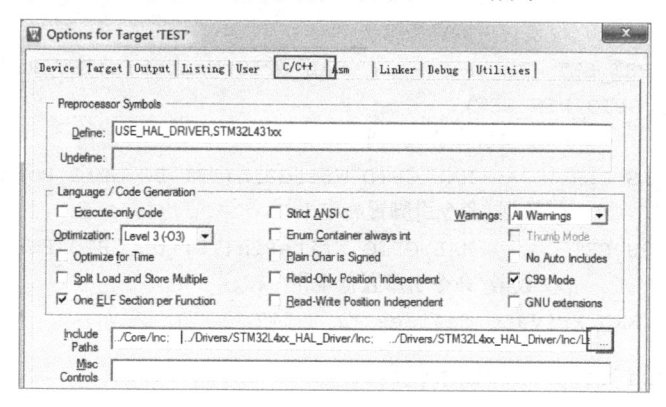

图 11-13　"C/C++"选项卡

③ 在弹出的"Folder Setup"对话框中，添加"Hardware"下的"HC-SR501"和"LCD"目录；添加"Components"下的"GUI"目录；添加"Core"下的"Src"目录，如图 11-14 所示。

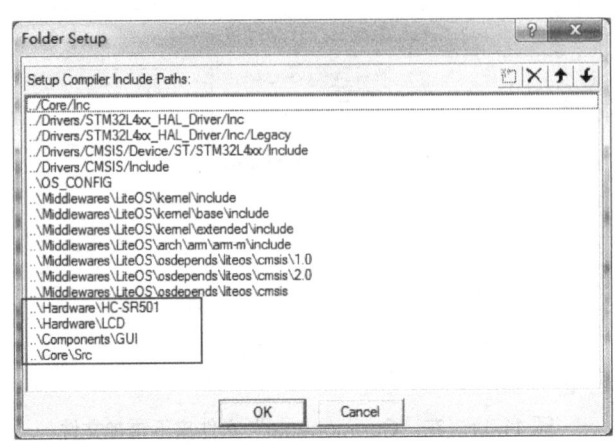

图 11-14 添加头文件的路径

3. 编写及修改代码

（1）在 TEST 工程中，修改 gpio.h 文件，添加如下代码。

```
34/* USER CODE BEGIN Private defines */
35/* TFT gpio */
36#define LCD_LED_CLR     HAL_GPIO_WritePin(TFT_BL_GPIO_Port, TFT_BL_Pin, GPIO_PIN_RESET)     //关背光
37#define LCD_LED_SET     HAL_GPIO_WritePin(TFT_BL_GPIO_Port, TFT_BL_Pin, GPIO_PIN_SET)     //开背光
38#define LCD_CS_CLR      HAL_GPIO_WritePin(TFT_CS_GPIO_Port, TFT_CS_Pin, GPIO_PIN_RESET)     //片选引脚置低电平
39#define LCD_CS_SET      HAL_GPIO_WritePin(TFT_CS_GPIO_Port, TFT_CS_Pin, GPIO_PIN_SET)     //片选引脚置高电平
40#define LCD_RST_CLR     HAL_GPIO_WritePin(TFT_RESET_GPIO_Port, TFT_RESET_Pin, GPIO_PIN_RESET)         //复位引脚置高电平
41#define LCD_RST_SET     HAL_GPIO_WritePin(TFT_RESET_GPIO_Port, TFT_RESET_Pin, GPIO_PIN_SET)           //复位引脚置低电平
42#define LCD_RS_CLR      HAL_GPIO_WritePin(TFT_DC_GPIO_Port, TFT_DC_Pin, GPIO_PIN_RESET)     //数据/命令引脚置高电平
43#define LCD_RS_SET      HAL_GPIO_WritePin(TFT_DC_GPIO_Port, TFT_DC_Pin, GPIO_PIN_SET)     //数据/命令引脚置低电平
44/* USER CODE END Private defines */
```

（2）修改 spi.h 文件，添加如下代码。

```
36/* USER CODE BEGIN Private defines */
```

```
37typedef enum
38{   spi1=0x01,
39    spi2=0x02,
40    spi3=0x04
41}SPI_port;
42typedef enum
43{
44Rising=0,
45Falling
46}SPI_Read_mode;
47uint8_t spi_ReadWriteByte(SPI_port port,uint8_t TxData);
48/* USER CODE END Private defines */
```

（3）修改 spi.c 文件，添加如下代码。

① 在 MX_SPI1_Init(void)函数最后一行添加如下代码。

```
51   __HAL_SPI_ENABLE(&hspi1);   //使能SPI1
```

② 添加数据读写函数。

```
109/* USER CODE BEGIN 1 */
110/* 数据读写函数，注意函数的执行时间，因为会影响到发送速率 */
111uint8_t spi_ReadWriteByte(SPI_port port,uint8_t TxData)
112{
113    if(port == spi1)
114    {
115   while ( __HAL_SPI_GET_FLAG(&hspi1,SPI_FLAG_TXE) == RESET );
116    *((__IO uint8_t *)&hspi1.Instance->DR) = TxData;        //重点!!! 只需要写入DR 8位数据
117    while ( __HAL_SPI_GET_FLAG(&hspi1,SPI_FLAG_RXNE) == RESET);
118    return (uint8_t)hspi1.Instance->DR;
119    }
120    else
121    {
122       return 0;
123    }
124}
125void SPI_SetSpeed(SPI_port port,uint8_t SPI_BaudRatePrescaler)
126{
127    assert_param(IS_SPI_BAUDRATE_PRESCALER(SPI_BaudRatePrescaler));//判断有效性
128    if(port == spi1)
129    {
130    __HAL_SPI_DISABLE(&hspi1);              //关闭SPI1
131    hspi1.Instance->CR1&=0XFFC7;            //位3～5清零，用来设置波特率
```

```
132    hspi1.Instance→CR1|=SPI_BaudRatePrescaler;//设置 SPI 波特率分频系数
133    __HAL_SPI_ENABLE(&hspi1);                    //使能 SPI1
134    }
135 }
136 /* USER CODE END 1 */
```

(4) 修改 main.c 文件。

① 添加头文件。

```
27 /* USER CODE BEGIN Includes */
28 #include "los_task.ph"
29 /* USER CODE END Includes */
```

② 声明 creat_control_task()和 creat_view_task()函数。

```
58 /* USER CODE BEGIN 0 */
59 UINT32 creat_control_task(VOID);
60 UINT32 creat_view_task(VOID);
61 void task_view_init(void);
62 void task_control_init(void);
63 /* USER CODE END 0 */
```

③ 修改 main 函数。

```
69 int main(void)
70 {
71    /* USER CODE BEGIN 1 */
72    UINT32 uwRet = LOS_OK;
73    /* USER CODE END 1 */
74    /* MCU Configuration----------------------------------------*/
75    /* Reset of all peripherals, Initializes the Flash interface and the
Systick. */
76    HAL_Init();
77    /* Configure the system clock */
78    SystemClock_Config();
79    /* Initialize all configured peripherals */
80    MX_GPIO_Init();
81    MX_USART1_UART_Init();
82    MX_USART2_UART_Init();
83    MX_USART3_UART_Init();
84    MX_SPI1_Init();
85    /* USER CODE BEGIN 2 */
86    /* 初始化 */
87    task_view_init();              //显示任务初始化
88    task_control_init();           //控制任务初始化
89    printf("\r\n       人体感应场景实训       \r\n");
```

```
90      printf("--------------------------------\r\n");
91      printf("开始：\r\n\r\n");
92      uwRet = LOS_KernelInit();        //操作系统初始化
93      if (uwRet != LOS_OK)
94      {
95          return LOS_NOK;
96      }
97      uwRet = creat_control_task();    //创建控制任务
98      if (uwRet != LOS_OK)
99      {
100         return LOS_NOK;
101     }
102     uwRet = creat_view_task();       //创建显示任务
103     if (uwRet != LOS_OK)
104     {
105         return LOS_NOK;
106     }
107     LOS_Start();         //启动操作系统
108     /* USER CODE END 2 */
109     while (1);
110 }
```

（5）创建 task_inter.h 文件，输入如下代码，并保存到"\Core\Src"目录下。

① 在 TEST 工程中，选择"File"菜单下的"New"命令，如图所示 11-15 所示，打开文档编辑窗口，输入代码，如图 11-16 所示。

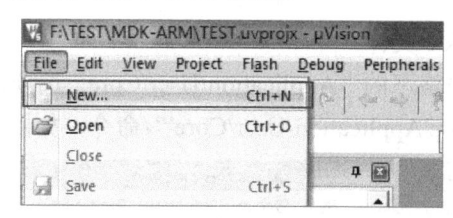

图 11-15　选择"File"菜单下的"New"命令

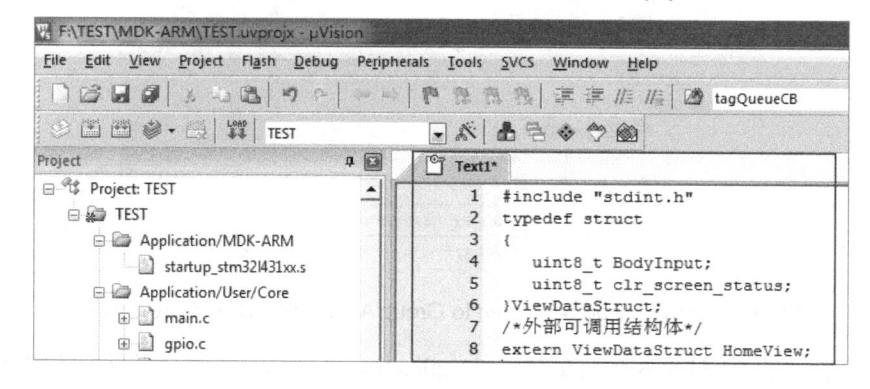

图 11-16　文档编辑窗口

```
1 #include "stdint.h"
2 typedef struct
3 {
4     uint8_t BodyInput;
5     uint8_t clr_screen_status;
6 }ViewDataStruct;
7 /* 外部可调用结构体 */
8 extern ViewDataStruct HomeView;
```

② 单击"保存"按钮，在弹出的对话框中选择保存路径为"F:\TEST\Core\Src"，文件名为"task_inter.h"，如图 11-17 所示。

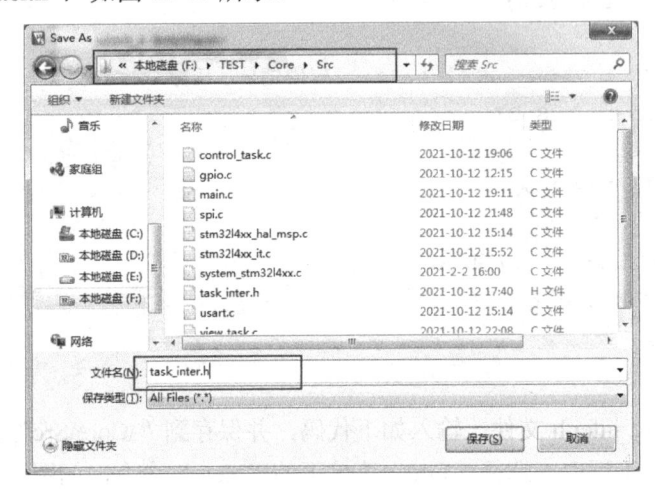

图 11-17　保存 task_inter.h 文件

（6）创建 control_task.c 文件。

① 右击"Project"窗格下的"Application/User/Core"选项，在弹出的快捷菜单中选择"Add New Item to Group'Application/User/Core'"命令，如图 11-18 所示。

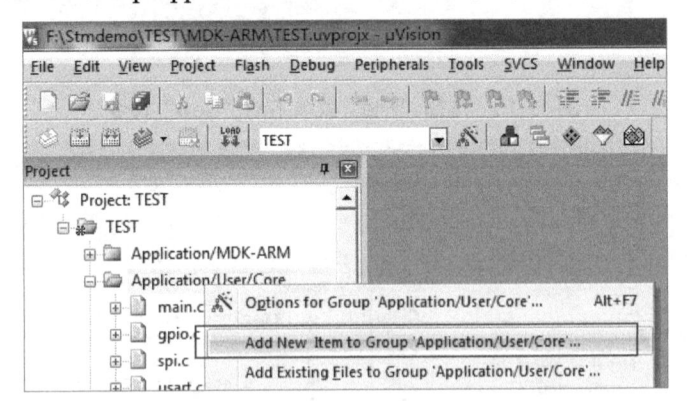

图 11-18　选择"Add New Item to Group'Application/User/Core'"命令

② 在打开的"Add New Item to Group'Application/User/Core'"对话框中选择"C File(.c)"

选项，在"Name"文本框中输入"control_task"，将"Location"设置为"F:\Stmdemo\TEST\Core\Src"，然后单击"Add"按钮，如图11-19所示。

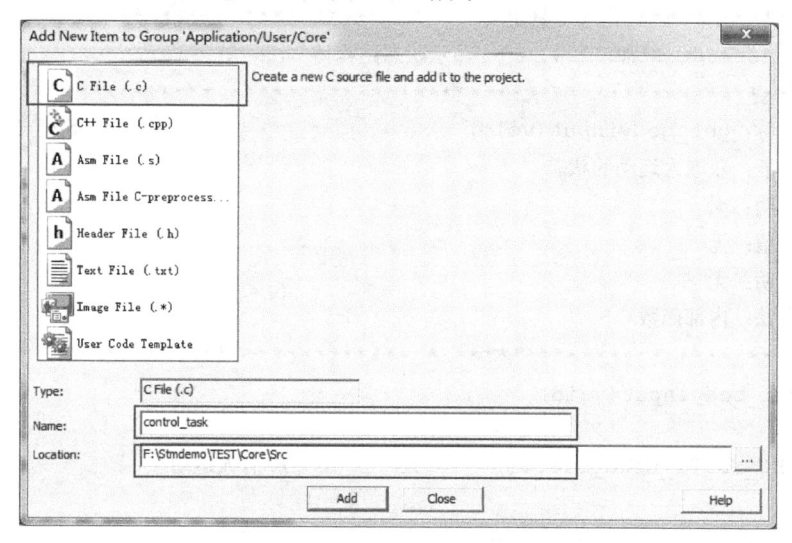

图 11-19　创建 control_task.c 文件

③ 在 control_task.c 文件编辑区输入如下代码并保存。

```
1   /************************************************************
2   * Copyright (c) <>
3   * All rights reserved.
4   * @文件名         : control_task
5   * @描述           : 任务处理
6   * @作者           :
7   * @日期           : 2021/10/05
8   * @版本           :
9   ************************************************************/
10  /************************************************************
11  功能包括：
12  1、获取人体状态值
13  2、创建任务入口及任务处理函数
14  ************************************************************/
15  #include <string.h>
16  #include <stdio.h>
17  #include <stdlib.h>
18  #include "gpio.h"
19  #include "usart.h"
20  #include "lcd.h"
21  #include "gui.h"
22  #include "task_inter.h"
23  #include "hc_sr501.h"
```

```c
24  #include "los_task.ph"
25  UINT32 g_ControlTskHandle;
26  /*****************内部变量定义*************************/
27  ViewDataStruct HomeView;      //显示状态结构体
28  /***********************************************************
29   * 名    称：get_bodyinput(void)
30   * 功    能：获取人运动的状态
31   * 参数说明：无
32   * 返 回 值：无
33   * 说    明：无
34   * 调用方法：内部函数
35   ***********************************************************/
36  void get_bodyinput(void)
37  {
38      if(HC_SR501_Read_State() == 1)          //有人运动
39      {
40          HomeView.BodyInput = 1;
41      }
42      else if(HC_SR501_Read_State() == 0)     //无人运动
43      {
44       HomeView.BodyInput = 0;
45      }
46  }
47  /***********************************************************
48   * 名    称：task_control_init(void)
49   * 功    能：控制初始化函数
50   * 参数说明：无
51   * 返 回 值：无
52   * 说    明：外部调用接口函数
53   * 调用方法：外部函数
54   ***********************************************************/
55  void task_control_init(void)
56  {
57      HC_SR501_Init();                //HC_SR501初始化
58  }
59  /***********************************************************
60   * 名    称：control_task(VOID)
61   * 功    能：数据获取、业务逻辑处理函数
62   * 参数说明：无
63   * 返 回 值：无
64   * 说    明：无
65   * 调用方法：内部函数
66   ***********************************************************/
```

```
67  VOID control_task(VOID)
68  {
69      UINT32 uwRet = LOS_OK;
70       while(1)
71      {
72         get_bodyinput();
73         if(HomeView.BodyInput == 1)
74           {
75               printf("** Body:有人运动\r\n");
76           }
77            else if(HomeView.BodyInput == 0)
78           {
79              printf("** Body:无人运动\r\n");
80              }
81         uwRet = LOS_TaskDelay(1000);
82         if(uwRet !=LOS_OK)
83              return;
84      }
85  }
86  /*************************************************************
87   * 名    称：creat_control_task(VOID)
88   * 功    能：创建 control_task 任务
89   * 参数说明：无
90   * 返 回 值：uwRet：LOS_OK 表示创建任务成功；否则表示创建任务失败
91   * 说    明：外部调用
92   * 调用方法：在 main 函数中调用
93  *************************************************************/
94  UINT32 creat_control_task(VOID)
95  {
96      UINT32 uwRet = LOS_OK;
97      TSK_INIT_PARAM_S task_init_param;    //定义结构体
98      task_init_param.usTaskPrio = 0;    //任务优先级
99      task_init_param.pcName = "control_task";    //命名任务名称
100     task_init_param.pfnTaskEntry = (TSK_ENTRY_FUNC)control_task;//创建任务入口
101     task_init_param.uwStackSize = 0x1000;    //任务堆栈大小
102     uwRet = LOS_TaskCreate(&g_ControlTskHandle, &task_init_param);
103     if(LOS_OK != uwRet)
104     {
105         return uwRet;
106     }
107     return uwRet;
108 }
```

（7）创建 view_task.c 文件，输入如下代码并保存。

```
1  /***********************************************************
2   * Copyright (c) <>
3   * All rights reserved.
4   * @文件名          : view_task
5   * @描述            : 显示任务
6   * @作者            :
7   * @日期            : 2021/10/05
8   * @版本            :
9   ***********************************************************/
10 /***********************************************************
11  功能：将监视到的状态显示在 TFT 显示屏
12  ***********************************************************/
13 #include <stdio.h>
14 #include <stdlib.h>
15 #include "string.h"
16 #include "lcd.h"
17 #include "gui.h"
18 #include "stdio.h"
19 #include "usart.h"
20 #include "task_inter.h"
21 #include "los_task.ph"
22 /*********************内部参数宏定义************************/
23 #define    PRINTF_COLOR      BLACK   //打印输出颜色
24 #define    PRINTF_Y          150     //打印数据 Y 轴位置
25 #define    PRINTF_X          0       //打印数据 X 轴位置
26 #define    Appoint_Y         55      //模块状态 Y 轴位置
27 #define    Appoint_X         0       //模块状态 X 轴位置
28 #define    Appoint_COLOR     BLACK   //打印输出颜色
29 UINT32 g_ViewTskHandle;
30 /*****************内部变量定义**************************/
31 uint16_t ColorTab[5]={RED,GREEN,BLUE,YELLOW,BRED};   //定义颜色数组
32 char  Str_Code[20];     //显示屏显示缓冲数组
33 /*****************内部函数声明**************************/
34 static void Screen_Init_Display(void);          //屏幕显示初始化
35 static void Screen_Appoint_Display(uint8_t line,char *str);   //App 显示初始化
36 static void Body_View(void);        //人体显示
37 /***********************************************************
38  * 名    称：Screen_Init_Display(void)
39  * 功    能：初始化屏幕显示函数
40  * 参数说明：无
41  * 返 回 值：无
```

```
42 *  说      明：无
43 *  调用方法：内部函数
44 *************************************************************/
45 static void Screen_Init_Display(void)
46 {
47     LCD_Init();        //液晶屏初始化
48     LCD_Clear(WHITE);//清全屏白色
49     LCD_Fill(0,lcddev.height-20,lcddev.width,lcddev.height,BLUE);
50     LCD_Fill(0,0,lcddev.width,20,BLUE);
51     Gui_StrCenter(0,2,WHITE,BLUE,"Tianjin Vocational Institute",16,0);
52     Gui_StrCenter(0,27,BLACK,WHITE,"人体感应场景实训",16,1);
53         Gui_StrCenter(0,lcddev.height-18,WHITE,BLUE,"http://www.tjtc.edu.cn",16,0);
54     Show_Str(Appoint_X,Appoint_Y,Appoint_COLOR,YELLOW,"状态：",18,1);
55 }
56 /***********************************************************
57 * 名     称：Screen_Appoint_Display(uint8_t line,char *str)
58 * 功     能：显示屏在某行显示字符串
59 * 参数说明：line：显示起始行，str：显示字符串的指针
60 * 返 回 值：无
61 * 说      明：无
62 * 调用方法：内部函数
63 *************************************************************/
64 static void Screen_Appoint_Display(uint8_t line,char *str)
65 {
66     if(line>=7)
67         line = 7;
68     if(line == 0)
69         line = 1;
70 LCD_Fill(Appoint_X,Appoint_Y+16*line,150,Appoint_Y+16*(line+1),WHITE);
71  Show_Str(Appoint_X,Appoint_Y+16*line,Appoint_COLOR,YELLOW,(uint8_t *)str,16,1);
72 }
73 /***********************************************************
74 * 名     称：Body_View(void)
75 * 功     能：人体运动检测函数
76 * 参数说明：无
77 * 返 回 值：无
78 * 说      明：无
79 * 调用方法：内部函数
80 *************************************************************/
81 static void Body_View(void)
```

```
82  {
83      if(HomeView.clr_screen_status==1)
84      {
85         HomeView.clr_screen_status=0;
86         LCD_Fill(0,166,239,300,WHITE);              //刷新显示
87      }
88      if(HomeView.BodyInput == 1)
89      {
90          snprintf(Str_Code,sizeof(Str_Code),"Body:有人运动");
91          Screen_Appoint_Display(3,Str_Code);
92      }
93      else if(HomeView.BodyInput == 0)
94      {
95          snprintf(Str_Code,sizeof(Str_Code),"Body:无人运动");
96          Screen_Appoint_Display(3,Str_Code);
97      }
98  }
99  /*************************************************************
100 * 名    称：task_view_init(void)
101 * 功    能：显示初始化函数
102 * 参数说明：无
103 * 返 回 值：无
104 * 说    明：外部调用接口函数
105 * 调用方法：外部函数
106 **************************************************************/
107 void task_view_init(void)
108 {
109     /* 显示屏初始化界面 */
110     Screen_Init_Display();
111 }
112 /*************************************************************
113 * 名    称：view_task(VOID)
114 * 功    能：界面处理任务函数
115 * 参数说明：无
116 * 返 回 值：无
117 * 说    明：外部调用接口函数
118 * 调用方法：外部函数
119 **************************************************************/
120 VOID view_task(VOID)
121 {
122     UINT32 uwRet = LOS_OK;
123     while(1)
124     {
```

```
125        Body_View();
126        uwRet = LOS_TaskDelay(1000);
127        if(uwRet !=LOS_OK)
128            return;
129     }
130 }
131 /***************************************************************
132 * 名      称：creat_view_task(VOID)
133 * 功      能：创建 view_task 任务
134 * 参数说明：无
135 * 返  回  值：uwRet：LOS_OK 表示创建任务成功；否则表示创建任务失败
136 * 说      明：外部调用
137 * 调用方法：在 main 函数中调用
138 ***************************************************************/
139 UINT32 creat_view_task(VOID)
140 {
141     UINT32 uwRet = LOS_OK;
142     TSK_INIT_PARAM_S task_init_param;
143     task_init_param.usTaskPrio = 1;
144     task_init_param.pcName = "view_task";
145     task_init_param.pfnTaskEntry = (TSK_ENTRY_FUNC)view_task;
146     task_init_param.uwStackSize = 0x1000;
147     uwRet = LOS_TaskCreate(&g_ViewTskHandle, &task_init_param);
148     if(LOS_OK != uwRet)
149     {
150         return uwRet;
151     }
152     return uwRet;
153 }
```

（8）修改 stm32l4xx_it.c 文件。

注释掉 PendSV_Handler()和 SysTick_Handler()函数。

（9）在 los_hwi.c 文件中添加代码。

在 los_hwi.c 文件中的 SysTick_Handler()函数的最后一行添加如下代码。

```
289        HAL_IncTick();
```

4．查看运行结果

编译并下载程序到开发板中。打开串口调试助手，复位开发板。串口打印信息如图 11-20 所示。TFT 显示屏上的显示信息如图 11-21 所示。

图 11-20　串口打印信息

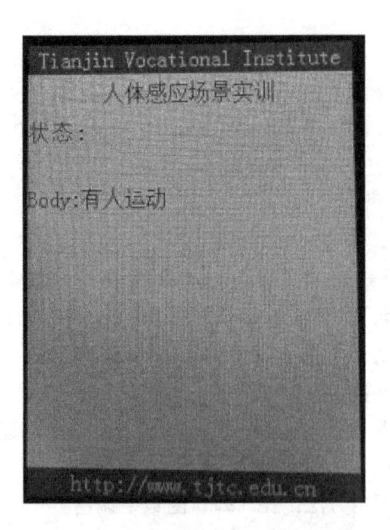

图 11-21　TFT 显示屏上的显示信息

附录 A 常见错误码说明

创建任务、删除任务、挂起任务、恢复任务、延时任务等操作存在失败的可能，失败时会返回对应的错误码，以便快速定位错误原因。

表 A-1 常见 Task 错误码说明

序号	返回值	实际数值	描述	参考解决方案
1	LOS_ERRNO_TSK_NO_MEMORY	0x03000200	内存空间不足	增大动态内存空间，有以下两种方式可以实现： • 设置更大的系统动态内存池，配置项为 OS_SYS_MEM_SIZE； • 释放一部分动态内存，如果错误发生在 LiteOS 启动过程中的任务初始化，还可以通过减少系统支持的最大任务数来解决；如果错误发生在任务创建过程中，也可以通过减小任务栈大小来解决
2	LOS_ERRNO_TSK_PTR_NULL	0x02000201	传递给任务创建接口的任务参数 initParam 为空指针，或者传递给任务信息获取接口的参数为空指针	确保传入的参数不为空指针
3	LOS_ERRNO_TSK_PRIOR_ERROR	0x02000203	创建任务或者设置任务优先级时，传入的优先级参数不正确	检查任务优先级，必须在[0,31]的范围内
4	LOS_ERRNO_TSK_ENTRY_NULL	0x02000204	创建任务时，传入的任务入口函数为空指针	定义任务入口函数
5	LOS_ERRNO_TSK_NAME_EMPTY	0x02000205	创建任务时，传入的任务名为空指针	设置任务名
6	LOS_ERRNO_TSK_STKSZ_TOO_SMALL	0x02000206	创建任务时，传入的任务栈太小	增大任务栈大小使其不小于系统设置最小任务栈大小（配置项为 LOS_TASK_MIN_STACK_SIZE）

续表

序号	返回值	实际数值	描述	参考解决方案
7	LOS_ERRNO_TSK_ID_INVALID	0x02000207	无效的任务 ID	检查任务 ID
8	LOS_ERRNO_TSK_ALREADY_SUSPENDED	0x02000208	挂起任务时,发现任务已经被挂起	等待这个任务被恢复后,再去尝试挂起这个任务
9	LOS_ERRNO_TSK_NOT_SUSPENDED	0x02000209	恢复任务时,发现任务未被挂起	挂起这个任务后,再去尝试恢复这个任务
10	LOS_ERRNO_TSK_NOT_CREATED	0x0200020a	任务未被创建	创建这个任务,这个错误可能会发生在以下操作中: • 删除任务; • 恢复/挂起任务; • 设置指定任务的优先级; • 获取指定任务的信息; • 设置指定任务的运行 CPU 集合
11	LOS_ERRNO_TSK_DELETE_LOCKED	0x0300020b	删除任务时,任务处于锁定状态	解锁任务之后再删除任务
12	LOS_ERRNO_TSK_DELAY_IN_INT	0x0300020d	中断期间,进行任务延时	等待退出中断后再进行延时操作
13	LOS_ERRNO_TSK_DELAY_IN_LOCK	0x0200020e	在任务锁定状态下,延时该任务	任务解锁后再延时任务
14	LOS_ERRNO_TSK_YIELD_IN_LOCK	0x0200020f	在任务锁定状态下,进行 Yield 操作	任务解锁后再进行 Yield 操作
15	LOS_ERRNO_TSK_YIELD_NOT_ENOUGH_TASK	0x02000210	进行 Yield 操作时,发现具有相同优先级的就绪任务队列中没有其他任务	增加与当前任务具有相同优先级的任务数
16	LOS_ERRNO_TSK_TCB_UNAVAILABLE	0x02000211	创建任务时,发现没有空闲的任务控制块可以使用	调用 LOS_TaskResRecyle 接口回收空闲的任务控制块,如果回收后依然创建失败,再增加系统的任务控制块数量
17	LOS_ERRNO_TSK_OPERATE_SYSTEM_TASK	0x02000214	不允许删除、挂起、延时系统级别的任务,如 idle 任务、软件定时器任务,也不允许修改系统级别的任务的优先级	检查任务 ID,不要操作系统任务
18	LOS_ERRNO_TSK_SUSPEND_LOCKED	0x03000215	不允许将处于锁定状态的任务挂起	任务解锁后再尝试挂起任务
19	LOS_ERRNO_TSK_STKSZ_TOO_LARGE	0x02000220	创建任务时,设置了过大的任务栈	减小任务栈大小
20	LOS_ERRNO_TSK_CPU_AFFINITY_MASK_ERR	0x03000223	设置指定任务的运行 CPU 集合时,传入了错误的 CPU 集合	检查传入的 CPU 掩码

续表

序号	返回值	实际数值	描述	参考解决方案
21	LOS_ERRNO_TSK_YIELD_IN_INT	0x02000224	不允许在中断中对任务进行 Yield 操作	不要在中断中进行 Yield 操作
22	LOS_ERRNO_TSK_MP_SYNC_RESOURCE	0x02000225	跨核任务删除同步功能，资源申请失败	通过设置更大的 LOSCFG_BASE_IPC_SEM_LIMIT 的值，增加系统支持的信号量个数
23	LOS_ERRNO_TSK_MP_SYNC_FAILED	0x02000226	跨核任务删除同步功能，任务未及时删除	需要检查目标删除任务是否存在频繁的状态切换，导致系统无法在规定的时间内完成删除的动作

表 A-2 常见队列错误码说明

序号	返回值	实际数值	描述	参考解决方案
1	LOS_ERRNO_QUEUE_MAXNUM_ZERO	0x02000600	系统支持的最大队列数为 0	系统支持的最大队列数应该大于 0。若不使用队列模块，则将队列模块静态裁剪开关 LOSCFG_BASE_IPC_QUEUE 设置为 NO
2	LOS_ERRNO_QUEUE_NO_MEMORY	0x02000601	初始化队列时，从动态内存池申请内存失败	设置更大的系统动态内存池，配置项为 OS_SYS_MEM_SIZE，或减少系统支持的最大队列数
3	LOS_ERRNO_QUEUE_CREATE_NO_MEMORY	0x02000602	创建队列时，从动态内存池申请内存失败	设置更大的系统动态内存池，配置项为 OS_SYS_MEM_SIZE，或减少要创建队列的队列长度和消息节点大小
4	LOS_ERRNO_QUEUE_SIZE_TOO_BIG	0x02000603	创建队列时，消息节点大小超过上限	更改入参消息节点大小，使其不超过上限
5	LOS_ERRNO_QUEUE_CB_UNAVAILABLE	0x02000604	创建队列时，系统中已经没有空闲队列	增加系统支持的最大队列数
6	LOS_ERRNO_QUEUE_NOT_FOUND	0x02000605	传递给删除队列接口的队列 ID 大于或等于系统支持的最大队列数	确保队列 ID 是有效的
7	LOS_ERRNO_QUEUE_PEND_IN_LOCK	0x02000606	当任务被锁定时，禁止在队列中阻塞等待写消息或读消息	使用队列前解锁任务
8	LOS_ERRNO_QUEUE_TIMEOUT	0x02000607	等待处理队列超时	检查设置的超时时间是否合适
9	LOS_ERRNO_QUEUE_IN_TSKUSE	0x02000608	队列存在阻塞任务而不能被删除	使任务能够获得资源而不是在队列中被阻塞
10	LOS_ERRNO_QUEUE_WRITE_IN_INTERRUPT	0x02000609	在中断处理程序中不能以阻塞模式写队列	将写队列设置为非阻塞模式，即将写队列的超时时间设置为 0
11	LOS_ERRNO_QUEUE_NOT_CREATE	0x0200060a	队列未创建	创建该队列，或更换为一个已经创建的队列

续表

序号	返回值	实际数值	描述	参考解决方案
12	LOS_ERRNO_QUEUE_IN_TSKWRITE	0x0200060b	队列读/写不同步	同步队列的读/写，即多个任务不能并发读/写同一个队列
13	LOS_ERRNO_QUEUE_CREAT_PTR_NULL	0x0200060c	对于创建队列接口，保存队列ID的入参为空指针	确保传入的参数不为空指针
14	LOS_ERRNO_QUEUE_PARA_ISZERO	0x0200060d	对于创建队列接口，入参队列长度或消息节点大小为0	传入正确的队列长度和消息节点大小
15	LOS_ERRNO_QUEUE_INVALID	0x0200060e	传递给读队列接口或写队列接口或获取队列信息接口的队列ID大于或等于系统支持的最大队列数	确保队列ID有效
16	LOS_ERRNO_QUEUE_READ_PTR_NULL	0x0200060f	传递给读队列接口的缓冲区指针为空	确保传入的参数不为空指针
17	LOS_ERRNO_QUEUE_READSIZE_IS_INVALID	0x02000610	传递给读队列接口的缓冲区大小为0或者大于0xFFFB	传入的一个正确的缓冲区大小需要大于0且小于0xFFFC
18	LOS_ERRNO_QUEUE_WRITE_PTR_NULL	0x02000612	传递给写队列接口的缓冲区指针为空	确保传入的参数不为空指针
19	LOS_ERRNO_QUEUE_WRITESIZE_ISZERO	0x02000613	传递给写队列接口的缓冲区大小为0	传入正确的缓冲区大小
20	LOS_ERRNO_QUEUE_WRITE_SIZE_TOO_BIG	0x02000615	传递给写队列接口的缓冲区大小比队列的消息节点大小要大	减小缓冲区大小，或增大队列的消息节点大小
21	LOS_ERRNO_QUEUE_ISFULL	0x02000616	写队列时没有可用的空闲节点	写队列之前，确保在队列中存在可用的空闲节点，或者使用阻塞模式写队列，即设置大于0的写队列超时时间
22	LOS_ERRNO_QUEUE_PTR_NULL	0x02000617	传递给获取队列信息接口的指针为空	确保传入的参数不为空指针
23	LOS_ERRNO_QUEUE_READ_IN_INTERRUPT	0x02000618	在中断处理程序中不能以阻塞模式读队列	将读队列设置为非阻塞模式，即将读队列超时时间设置为0
24	LOS_ERRNO_QUEUE_MAIL_HANDLE_INVALID	0x02000619	CMSIS-RTOS 1.0 中的mail队列释放内存块时，发现传入的mail队列ID无效	确保传入的mail队列ID是正确的
25	LOS_ERRNO_QUEUE_MAIL_PTR_INVALID	0x0200061a	CMSIS-RTOS 1.0 中的mail队列释放内存块时，发现传入的mail内存池指针为空	传入非空的mail内存池指针
26	LOS_ERRNO_QUEUE_MAIL_FREE_ERROR	0x0200061b	CMSIS-RTOS 1.0 中的mail队列释放内存块失败	传入非空的mail队列内存块指针

续表

序号	返回值	实际数值	描述	参考解决方案
27	LOS_ERRNO_QUEUE_ISEMPTY	0x0200061d	队列已空	读队列之前，确保队列中存在未读的消息，或者使用阻塞模式读队列，即设置大于 0 的读队列超时时间
28	LOS_ERRNO_QUEUE_READ_SIZE_TOO_SMALL	0x0200061f	传递给读队列接口的读缓冲区大小小于队列消息节点大小	增加缓冲区大小，或减小队列消息节点大小

表 A-3 常见信号量错误码说明

序号	返回值	实际数值	描述	参考解决方案
1	LOS_ERRNO_SEM_NO_MEMORY	0x02000700	初始化信号量时，内存空间不足	调整 OS_SYS_MEM_SIZE 以确保有足够的内存供信号量使用，或减小系统支持的最大信号量数 LOSCFG_BASE_IPC_SEM_LIMIT
2	LOS_ERRNO_SEM_INVALID	0x02000701	信号量 ID 不正确或信号量未创建	传入正确的信号量 ID 或创建信号量后再使用
3	LOS_ERRNO_SEM_PTR_NULL	0x02000702	传入空指针	传入合法指针
4	LOS_ERRNO_SEM_ALL_BUSY	0x02000703	创建信号量时，系统中已经没有未使用的信号量	及时删除无用的信号量或增加系统支持的最大信号量数 LOSCFG_BASE_IPC_SEM_LIMIT
5	LOS_ERRNO_SEM_UNAVAILABLE	0x02000704	在无阻塞模式下未获取到信号量	选择阻塞等待或根据该错误码进行适当处理
6	LOS_ERRNO_SEM_PEND_INTERR	0x02000705	中断期间非法调用 LOS_SemPend 函数申请信号量	中断期间禁止调用 LOS_SemPend 函数
7	LOS_ERRNO_SEM_PEND_IN_LOCK	0x02000706	任务被锁，无法获得信号量	在任务被锁时，不能调用 LOS_SemPend 函数申请信号量
8	LOS_ERRNO_SEM_TIMEOUT	0x02000707	获取信号量超时	将时间设置在合理范围内
9	LOS_ERRNO_SEM_OVERFLOW	0x02000708	信号量计数值已达到最大值，无法再继续释放该信号量	根据该错误码进行适当处理
10	LOS_ERRNO_SEM_PENDED	0x02000709	等待信号量的任务队列不为空	唤醒所有等待该信号量的任务后，再删除该信号量
11	LOS_ERRNO_SEM_PEND_IN_SYSTEM_TASK	0x0200070a	在系统任务中获取信号量，如 idle 和软件定时器	不要在系统任务中获取信号量

表 A-4 常见互斥锁错误码说明

序号	返回值	实际数值	描述	参考解决方案
1	LOS_ERRNO_MUX_NO_MEMORY	0x02001d00	初始化互斥锁模块时，内存不足	设置更大的系统动态内存池，配置项为 OS_SYS_MEM_SIZE，或减少系统支持的最大互斥锁个数

续表

序号	返回值	实际数值	描述	参考解决方案
2	LOS_ERRNO_MUX_INVALID	0x02001d01	互斥锁不可用	传入有效的互斥锁 ID
3	LOS_ERRNO_MUX_PTR_NULL	0x02001d02	创建互斥锁时，入参为空指针	传入有效指针
4	LOS_ERRNO_MUX_ALL_BUSY	0x02001d03	创建互斥锁时，系统中已经没有可用的互斥锁	增加系统支持的最大互斥锁个数
5	LOS_ERRNO_MUX_UNAVAILABLE	0x02001d04	申请互斥锁失败，因为锁已经被其他线程持有	等待其他线程解锁或者设置等待时间
6	LOS_ERRNO_MUX_PEND_INTERR	0x02001d05	在中断中使用互斥锁	禁止在中断中申请/释放互斥锁
7	LOS_ERRNO_MUX_PEND_IN_LOCK	0x02001d06	锁任务调度时，不允许以阻塞模式申请互斥锁	以非阻塞模式申请互斥锁，或使能任务调度后再阻塞申请互斥锁
8	LOS_ERRNO_MUX_TIMEOUT	0x02001d07	申请互斥锁超时	增加等待时间，或采用一直等待模式
9	LOS_ERRNO_MUX_PENDED	0x02001d09	删除正在使用的互斥锁	等待解锁后再删除该互斥锁
10	LOS_ERRNO_MUX_PEND_IN_SYSTEM_TASK	0x02001d0c	系统任务中获取互斥锁，如 idle 和软件定时器	不在系统任务中申请互斥锁

表 A-5　常见事件错误码说明

序号	返回值	实际值	描述	参考解决方案
1	LOS_ERRNO_EVENT_SETBIT_INVALID	0x02001c00	写事件时，将事件 ID 的第 25 位设置为 1。该位 OS 内部保留，不允许设置为 1	将事件 ID 的第 25 位设置为 0
2	LOS_ERRNO_EVENT_READ_TIMEOUT	0x02001c01	读事件超时	增加等待时间或者重新读取
3	LOS_ERRNO_EVENT_EVENTMASK_INVALID	0x02001c02	入参的事件 ID 是无效的	传入有效的事件 ID 参数
4	LOS_ERRNO_EVENT_READ_IN_INTERRUPT	0x02001c03	在中断中读取事件	启动新的任务来获取事件
5	LOS_ERRNO_EVENT_FLAGS_INVALID	0x02001c04	读取事件的 mode 无效	传入有效的 mode 参数
6	LOS_ERRNO_EVENT_READ_IN_LOCK	0x02001c05	任务锁住，不能读取事件	解锁任务，再读取事件
7	LOS_ERRNO_EVENT_PTR_NULL	0x02001c06	传入的参数为空指针	传入非空入参
8	LOS_ERRNO_EVENT_READ_IN_SYSTEM_TASK	0x02001c07	在系统任务中读取事件，如 idle 和软件定时器	启动新的任务来获取事件

续表

序号	返回值	实际值	描述	参考解决方案
9	LOS_ERRNO_EVENT_SHOULD_NOT_DESTORY	0x02001c08	事件链表上仍有任务，无法被销毁	先检查事件链表是否为空

表 A-6　常见时间管理错误码说明

序号	返回值	实际数值	描述	参考解决方案
1	LOS_ERRNO_SYS_PTR_NULL	0x02000010	入参指针为空	检查入参，传入非空入参
2	LOS_ERRNO_SYS_CLOCK_INVAILD	0x02000011	无效的系统时钟配置	在 los_config.h 配置有效的时钟

表 A-7　常见软件定时器错误码说明

序号	返回值	实际数值	描述	参考解决方案
1	LOS_ERRNO_SWTMR_PTR_NULL	0x02000300	软件定时器回调函数为空	定义软件定时器回调函数
2	LOS_ERRNO_SWTMR_INTERVAL_NOT_SUITD	0x02000301	软件定时器间隔时间为 0	重新定义间隔时间
3	LOS_ERRNO_SWTMR_MODE_INVALI D	0x02000302	不正确的软件定时器模式	确认软件定时器模式，范围为[0,2]
4	LOS_ERRNO_SWTMR_RET_PTR_NULL	0x02000303	软件定时器 ID 指针入参为 NULL	定义 ID 变量，传入指针
5	LOS_ERRNO_SWTMR_MAXSIZE	0x02000304	软件定时器个数超过最大值	重新定义软件定时器最大个数，或者等待一个软件定时器释放资源
6	LOS_ERRNO_SWTMR_ID_INVALID	0x02000305	不正确的软件定时器 ID 入参	确保入参合法
7	LOS_ERRNO_SWTMR_NOT_CREATED	0x02000306	软件定时器未创建	创建软件定时器
8	LOS_ERRNO_SWTMR_NO_MEMORY	0x02000307	软件定时器链表创建内存不足	申请一块足够大的内存供软件定时器使用
9	LOS_ERRNO_SWTMR_MAXSIZE_INVALID	0x02000308	不正确的软件定时器个数最大值	重新定义该值
10	LOS_ERRNO_SWTMR_HWI_ACTIVE	0x02000309	在中断中使用定时器	修改源代码确保不在中断中使用
11	LOS_ERRNO_SWTMR_HANDLER_POOL_NO_MEM	0x0200030a	membox 内存不足	扩大内存
12	LOS_ERRNO_SWTMR_QUEUE_CREATE_FAILED	0x0200030b	软件定时器队列创建失败	检查用于创建队列的内存是否足够

续表

序号	返回值	实际数值	描述	参考解决方案
13	LOS_ERRNO_SWTMR_TASK_CREATE_FAILED	0x0200030c	软件定时器任务创建失败	检查用于创建软件定时器任务的内存是否足够并重新创建
14	LOS_ERRNO_SWTMR_NOT_STARTED	0x0200030d	未启动软件定时器	启动软件定时器
15	LOS_ERRNO_SWTMR_STATUS_INVALID	0x0200030e	不正确的软件定时器状态	检查确认软件定时器状态
16	LOS_ERRNO_SWTMR_TICK_PTR_NULL	0x02000310	用于获取软件定时器超时Tick数的入参指针为NULL	创建一个有效的变量

表 A-8 常见 HWI 中断错误码说明

序号	返回值	实际数值	描述	参考解决方案
1	OS_ERRNO_HWI_NUM_INVALID	0x02000900	传入了无效中断号	检查中断号，给定有效中断号
2	OS_ERRNO_HWI_PROC_FUNC_NULL	0x02000901	传入的中断处理程序指针为空	传入非空中断处理程序指针
3	OS_ERRNO_HWI_CB_UNAVAILABLE	0x02000902	无可用中断资源	通过配置，增大可用中断最大数量
4	OS_ERRNO_HWI_NO_MEMORY	0x02000903	出现内存不足的情况	增大动态内存空间，有两种方式可以实现： • 设置更大的系统动态内存池，配置项为 OS_SYS_MEM_SIZE； • 释放一部分动态内存
5	OS_ERRNO_HWI_ALREADY_CREATED	0x02000904	发现要注册的中断号已经创建	对于非共享中断号的情况，检查传入的中断号是否已经被创建；对于共享中断号的情况，检查传入中断号的链表中是否已有匹配函数参数的设备ID
6	OS_ERRNO_HWI_PRIO_INVALID	0x02000905	传入的中断优先级无效	传入有效中断优先级。优先级有效范围依赖于硬件，外部可配
7	OS_ERRNO_HWI_MODE_INVALID	0x02000906	中断模式无效	传入有效中断模式[0,1]
8	OS_ERRNO_HWI_FASTMODE_ALREADY_CREATED	0x02000907	快速模式中断已经创建	检查传入的中断号对应的中断处理程序是否已经被创建

反侵权盗版声明

电子工业出版社依法对本作品享有专有出版权。任何未经权利人书面许可，复制、销售或通过信息网络传播本作品的行为；歪曲、篡改、剽窃本作品的行为，均违反《中华人民共和国著作权法》，其行为人应承担相应的民事责任和行政责任，构成犯罪的，将被依法追究刑事责任。

为了维护市场秩序，保护权利人的合法权益，我社将依法查处和打击侵权盗版的单位和个人。欢迎社会各界人士积极举报侵权盗版行为，本社将奖励举报有功人员，并保证举报人的信息不被泄露。

举报电话：（010）88254396；（010）88258888
传　　真：（010）88254397
E-mail：　dbqq@phei.com.cn
通信地址：北京市万寿路173信箱
　　　　　电子工业出版社总编办公室
邮　　编：100036